A Selection from the

Allied-Axis

The Photo Album of the Second Warld War

日独軍用車両写真集

Ampersand Publishing [写真・解説]
アーマーモデリング編集部 [編]

大日本絵画

A Selection from the Allied-Axis
日独軍用車両写真集

■アメリカのアンパーサンド Ampersand 出版が発行する模型雑誌『ミリタリーミニチュア・イン・レビュー』の公式リファレンス資料として位置付けられているのが写真集『アライド-アクシス』です。同書は書名が示すように連合軍側と枢軸軍側の双方の軍用車両を扱い、各国の公文書館に所蔵されている記録写真の中から、特に模型製作の助けとなるように資料価値の高いものを選んで紹介しています。本書は現在まで26冊が刊行されている同書に収録されている膨大な内容から日独の10車種を選んで再構成したものです。画質や解像度を最先した『アライド-アクシス』の編集姿勢を生かすため、1ページにつき1枚を掲載する変則的なレイアウトを採っています。なおオリジナルでの収録内容は以下のとおりです。

第6号
◎戦場のティーガー戦車・日本海軍特二式内火艇“カミ”・3トン半装軌牽引車Sd.Kfz.11・M20“ダイヤモンド-T”戦車運搬車・4トン“ダイヤモンド-T”969Aレッカー車

第7号
◎M26パーシング戦車・日本陸軍九四式軽装甲車・九五式軽戦車・一式七糎半自走砲“ホニI”・戦場のパンター戦車・ドイツ軍18式10.5cm軽榴弾砲

第10号
◎ドイツ軍35（t）戦車・アメリカ軍M3“リー”中戦車・前線におけるIII号突撃砲・第二次大戦のアメリカ軍ロケット兵器・ドイツ軍半装軌装甲車Sd.Kfz.250

第12号
◎38cmロケット発射器61型搭載突撃臼砲606/4“シュトゥルムティーガー”・GMCダンプトラック・M3スカウトカー・M10-M36戦車駆逐車・クルップ・ボクサー軽トラック

目次

Tigers at the Front!

戦場のティーガー戦車

1942年の終わりという、ティーガー戦車としてもっとも早い時期に第502重戦車大隊へ配備された最初期生産仕様。部隊配備の時点からこの写真が撮影された1943年初夏までの間の戦闘で受けた弾痕やその補修跡が見受けられる。

便宜的に極初期型とも称されるこのタイプは、車体前端の牽引具取付け部（側面装甲の延長部）上端の小さな湾曲した切り欠き（ノッチ）で識別できる。この凹部は履帯の前方を防御する目的で試作車に装備されていた“フォアパンツァー”と呼ばれる可動式装甲板の一部をなすもので、装甲板を折りたたんだ場合に可動アームのヒンジ部分の凸部がここに収まった。車体側面にフェンダーを取付けるためのボルト受けが熔接されていないのも1942年夏以前の生産車両に見られる特徴だ。（ECPA）

［注／第502重戦車大隊の保有するティーガーは、1943年6月の補充によってようやく大隊の総数が14両（本来なら中隊の定数）となった。写真の車両表記（砲塔番号）“2”は、この補充以前に撮影されたことを意味する。操縦手用視察装置付近の装甲板に鋼板を当てて補修してあるのが興味深い］

ドイツ軍で初めてティーガーIを配備されたのは第501重戦車大隊で、その戦車は最初シチリアに運ばれ、それからフェリーによってチュニジアに輸送された。出版物に広く使用されたこの写真は、フェリー乗降場から路上行軍を開始した第1中隊の車両を捉えたもので、生産開始から間もない車両に特有の識別点をよく示している。

車体後端の両側に装備したファイフェル社製エアクリーナーは、キャニスターや吸気口と車体内部のキャブレターを繋ぐ配管を含めて、（戦闘被害を受けていないため）完全な状態を留めている。排気管の間に位置するエンジン始動用クランクを挿し込むためのパネルも極めて初期の仕様を示す。ほかにも車体側面フェンダーと後部フェンダーのコーナー部に追加された扇型のフラップや予備履帯のラック、側面に放熱用スリットを設けた薄い板金による排気管カバーなど、第501重戦車大隊第1中隊の車両に見られるユニークな特徴をいくつも指摘できる。これらは（各車に標準装備されるはずの付属品を欠いたまま部隊に引き渡された車両に対し）部隊がイタリアから移動するまでの間に、師団の整備部隊が創意工夫によって追加工作したものだ。（BA）

1943年2月、第501重戦車大隊は第10戦車師団に配属され、師団隷下にある第7戦車連隊の第7中隊および第8中隊となった。ヴォルフガング・シュナイダー著『重戦車大隊記録集1 ―陸軍編』（大日本絵画刊）によれば、直前に改編されたこれらの戦車の多くは、よりチュニジアの地形に溶け込むよう、アメリカ軍から捕獲したオリーブドラブの塗料で塗装されていたという。また戦術番号（砲塔番号）が塗り替えられた際、白フチつきの赤とされた。

写真の戦車は第501重戦車大隊第1中隊に配備されたときは車両番号（砲塔番号）“132”だった。これは砲塔後部左右に装備された2基のピストルポートや車体後部の牽引ケーブルと並んで、第501大隊に最初に割り当てられた戦車の有する特徴である。（BA）

［チュニジアでのティーガーの塗色は、明るいオリーフグリュン（オリーブグリーン）や旧分類の色彩規格による熱帯地色ゲルプブラウン（黄土色）の単色ともいわれてきた。最近ではゲルプブラウンを基本に同じく旧規格の熱帯地用迷彩色グラウグリュン（灰緑色）を吹き付けた迷彩だったとする説が有力視されている。いずれにせよチュニジアは特産品のオリーブをはじめ案外樹木が多いため、緑味を帯びた塗装が施されていた蓋然性は高い。写真の“732”号車は車体側面に工具類を装着するための固定具が追加工作されている］

このページに続く数枚の写真は、1943年の夏の終わりに第503重戦車大隊に属するティーガーを捉えたもの。これらは『ティーガー重戦車写真集』（大日本絵画刊）が、一連のシーンすべてを初めて連続的に掲載した［と原著は認めている］。写真が撮影された1943年8月の時点で、第503重戦車大隊はロシアに展開した第IX軍団の戦区においてSS第2戦車師団“ダスライヒ”を掩護するため派遣され、マキシモフカ地域で作戦中だった。

この写真は複数の無線アンテナと、車体後部左側に装備したアンテナ収納ケースから指揮戦車仕様と判別できる。エンジン始動用クランクを挿入するためのアダプターと後部フェンダーは極初期のタイプを示している。（ECPA）

［寒冷時など電動スターター（セルモーター）が使えない場合のエンジン始動は、エンジンに付属する慣性始動装置を車外から回転させることで行なった。それには手動クランク、小型エンジンを利用した可搬型の始動機、キューベルヴァーゲンの動力を延長シャフトで直結する始動機の3種があった。強制始動する場合は車体の低い位置にある円形カバーを外し、アダプターを介して各始動機を接続した。ただ本来禁止されていた僚車による“押しがけ”スタートも頻繁に行なわれていたのが実態のようである］

一定の走行距離ごとに決められた点検整備のために行軍を一時休止したティーガーの隊列。各車の乗員はその準備を始めている。これら第3中隊の車両はしばしば他の中隊と異なる戦術マーキングを誇示していた。戦術番号に暗色で細い縁取りを施した手前の車両は、少なくとも2種類のサイズで合計6ヵ所にバルケンクロイツ（中帯十字）を描き込んでいる。また、ごく初期に見られた部隊による手作りのゲペックカステン（収納箱）を装備しており、その上部には対空識別用の旗を拡げてある。

隊列のすべての戦車は、回収作業が必要となる場合に備えて、牽引用ケーブルをあらかじめ車体に接続している。ケーブルと車体を繋ぐシャックルは平面的な形状の初期仕様であるのにも注意。一連の写真の別カットからは、システムが機能するか否かは別として、この車体がファイフェル製エアクリーナーの装備一式を完備していたのが確認できる。（ECPA）

［**第503重戦車大隊は1943年1月22日にロストフ駅付近で第502重戦車大隊第2中隊を吸収し、第503大隊第3中隊として編入した。このため手作りのゲペックカステンや砲塔番号の書体などの特徴が他の中隊と異なっている**］

“323”号車の近くに駐車したティーガー。車体の後面には小さな砲弾破片（または機関銃弾）を大量に浴びている。この被弾の影響でファイフェルシステムのリターンパイプ（キャブレターへの導気パイプ）を失ったのかもしれない。戦車の乗員はゲペックカステンが機関室デッキの点検ドアに干渉しないよう、砲塔を9時の方向に旋回させている。

このティーガーは1943年の3月から5月の間に製造された。その根拠は1943年3月に導入された一体式のエアクリーナーと、1943年5月に2つの挿入口を有するタイプに変更されたエンジン始動用のアダプターによる。また、この写真では判別できないが、ゲペックカステンは1943年1月下旬または2月上旬に生産された車両から、一般によく知られた標準的な仕様に変更される。（ECPA）

［写真の車両は車体左側の後部フェンダーの外側に付くフラップを失っている。このため、履帯の回転によって前方に巻き上げられた泥が側面フェンダーの上に盛り上がるように付着している。車体上面のSマイン（擲弾）発射器は揃っているが、砲塔の発煙弾発射器は外されているのにも注意］

　ティーガー戦車の外観で最初の大きな変化は、砲塔右側のピストルポートが廃止されたことだった。その代わりに乗員の緊急避難を目的とした大型の脱出ハッチが同じ位置に設けられた。もちろんハッチは弾薬の搭載をはじめさまざまな目的に使用された。この仕様変更は1942年12月の生産車から実施され、車台（シャシー）番号は“250080”の近辺（砲塔は46基目から）となる。
　写真はこの場面を含めて連続撮影されたうちの一枚で、ティーガーの縦隊が移動し始めた後に撮影された。小隊の他の車両と同じように、ティーガー“333”号車は3ヵ所の戦術番号に加えて4つのバルケンクロイツを表記している。また履帯交換用工具箱（車体後端左側）や15トン容量のジャッキ（同右側）を含めて、車体後部にあるべきすべての装備品が搭載されていない。一方、興味深いことに4個もの予備転輪がエンジンデッキに搭載されている。（ECPA）

［これも第503重戦車大隊第3中隊の車両。仕様が異なることから第502大隊からの転籍（管理替え）ではなく、当初から第503大隊に配備された戦車であろう。前掲の『ティーガー重戦車写真集』に見る一連のフィルムの流れからは、前ページまでの場所からはかなり離れた地点で撮影されているのがうかがえる］

　第503重戦車大隊のティーガーはSS第2戦車師団“ダス・ライヒ”と協同するのに加えて、SS第3戦車師団“トーテンコップフ”の擲弾兵とともに戦った。1943年8月12日と13日に起こったこの戦いは『重戦車大隊記録集1 ―陸軍編』に述べられている。
　1943年5月の生産車と思われる写真のティーガーは、当時の戦場における最新装備のひとつだった。車台番号“250251”からのティーガーは、排気量が拡大されたマイバッハHL230 P45エンジンを搭載して工場から出た。これらの車両はまた、それ以前の車両にも見られた照準器開口部周辺の装甲が強化された防盾を標準装備していた。さらに、この写真では見えないが、装填手用のペリスコープ（潜望鏡）が導入されている。車体前端の予備履帯ホルダーは前線の整備部隊によって追加工作されたもの。（ECPA）

［第503重戦車大隊の“332”号車は、車体前面に多数の小～中口径砲弾を被弾しているが厚い装甲が弾き返しており1発も貫通していない。履帯にはまだ乾ききっていない土が詰まっているものの、路面そのものは固く締まっているようで、接地面は磨かれたように光っているのが興味深い］

1943年10月上旬、第503重戦車大隊は訓練のためズナメンカ地域に移動した。この写真は乗員による戦車回収作業の練度を高める訓練の模様を連続的に捉えたうちの一枚。画面右奥の“332”号車は、訓練のため意図的に小さな橋の右側の川床に進入し、“321”号車は橋の手前の左手で待機している。中隊の他のティーガー戦車は前進し、“332”号車が回収されるのを待っている。

“321”号車は車体後部の2ヵ所に収納ラックを増設しており、右側のものは燃料携行缶を2つ載せる程度の大きさだが、左側は大きな収納箱となっている。この車両もファイフェル製エアクリーナーは取り外され、エンジンデッキにはかなりの量の部品類が散在している。現地製作のゲペックカステンは砲塔との固定が外れ、デッキ上に置かれた状態になっているようだ。

[砲塔の周囲に巻き付けたように装備するようになるまでのティーガーは、それほど多くの予備履帯を携行していない。陸上自衛隊の機甲科幹部によれば、連結ピンの折損など通常考えられる原因による履帯の切断や脱落では、予備の履板は2枚もあれば充分だという。多数の予備履帯は重対戦車地雷を踏んだ場合の備えや、増加装甲としての意味合いが大きいのだろう]

ドイツ陸軍でのティーガー戦車の扱いは、師団などの戦術単位に属さない独立した“重戦車大隊”に編成され、必要に応じてそれらの部隊に配属された。陸軍で部隊固有のティーガー戦車を装備する部隊は2個しかなかったが、そのひとつが機甲擲弾兵師団“グロースドイッチュランド”だった。グロースドイッチュランド戦車連隊の第9、第10、第11の3個中隊にはティーガーが装備され、それぞれA、B、Cの戦術記号によって所属中隊が表示された。

写真の戦車の戦術番号“C01”はGD戦車連隊第11中隊の所属を示し、1943年6月に配備されている。これは砲塔天面の装塡手用ペリスコープの存在で明らかなように、3月の生産バッチで加えられた仕様だ。それらの車両はより強力なマイバッハHL230 P45エンジンを搭載していた。(ECPA)

[『重戦車大隊記録集2－SS編』(大日本絵画刊)によれば、GD戦車連隊へのティーガー配備は1943年1月に連隊の第13(重)戦車中隊が編成されたことで始まった。同7月のツィタデレ作戦(クルスク戦)のさなか、連隊は2個大隊から3個大隊へと改編され、第13中隊は第9中隊に改称された。そこへ第501重戦車大隊第3中隊が編入されてGD戦車連隊第10中隊と改称、さらに第504重戦車大隊第3中隊が加わり同第11中隊となった。GD戦車連隊は全ドイツ軍でもきわめて稀な、ティーガーで充足された第III大隊を保有することになった]

比較的よく知られた写真だが、数々の仕様を鮮明に捉えた見本のような1枚でもある。イェンツ著『タイガー戦車、D.W.からタイガーIまで』（Jentz's Tiger Tanks-D.W. to Tiger 1）によると、車台番号“250235”と記録されるこの戦車は、1943年5月の第5生産バッチで製造された。その月に生産された仕様の特徴は、装填手用ペリスコープ、砲塔側面の予備履帯ホルダー、平面的な形状の起動輪ハブ（イェンツはまた、右側のハブは初期型の丸みを帯びたハブを装着していると指摘している）など。

なかでも最も興味深いディテールのひとつは砲防盾の左側にある切り欠きだろう。これはこの砲塔がもともとティーガーP型用としてクルップで製造されたことを意味している。切り欠きは砲塔旋回時に防盾とエンジンデッキの吸気グリルの盛り上がりが干渉するのを防ぐために設けられたのである。（BA）

［アングルを変えた多数の写真が残る第502重戦車大隊第3中隊“312”号車の弾薬搭載シーンは、1943年秋にロシア北部で撮影されたといわれる。第3中隊は車体の後方寄り（車上の乗員の足下）にも車体番号を描き込んでいたのが特徴］

ティーガーの外観には、その生産終了に近づくにつれて顕著な変更が加えられた。1944年2月には車台番号“250822”から新型の鋼製リム転輪――ドイツ語で gummisparendem Laufrollen、すなわち省ゴム資源型転輪――が採用された。

写真の真新しいティーガーは宣伝中隊のカメラマンのために木々をなぎ倒すデモンストレーションを披露している。この車両はほかにも後期型の特徴である単一の防盾開口部――砲塔内に双眼鏡式ではなく単眼式の望遠照準器を備えている――を確認することができる。この仕様は1944年4月、車台番号“250990”近辺の生産車から導入された。また、ツィンメリット反磁性ペーストが工場で塗布されたときのきれいな状態が保たれている。牽引ワイヤがエンジンデッキ上に乱暴に巻き上げられているのにも注意。(BA)

［転輪外周のゴムタイヤに代えてスチール製の車輪を装着した鋼製リム転輪は、ゴムタイヤの耐久性不足による頻繁な転輪交換を減らす目的で採用された。リムから立ち上がった部分と転輪ディスクの間にはゴムリングが挟み込まれ、衝撃を緩和する構造になっていた。また戦車が樹木を倒せる目安は、車重（t）と幹の直径（㎝）の数字が概ね一致したという］

ティーガーⅠとティーガーⅡは、そのどちらも大がかりな準備なしには鉄道輸送することができなかった。ティーガーの車幅は鉄道の輸送限界を越えてしまうため、車体側面のフェンダーを外し、幅の狭い輸送専用の履帯に交換する必要があった。レールの軌間距離（ゲージ）の問題は、幅の狭いロシア規格の鉄道区間ではさらに深刻になった。ティーガーの前後フェンダーは車体幅に合わせて折りたためるよう、特別に設計されていた。

2枚の写真は機甲擲弾兵師団“グロースドイッチュランド”に属する車両で、1944年7月下旬に東プロイセンのトラケーネン駅で貨車から降りた場面を撮影された。師団は東プロイセン-リトアニア戦線で8月9日に発起されるヴィルカヴィシュキャイ地区で作戦行動に入る予定だった。この第9中隊のティーガーは1944年4月以降の生産車に見られる仕様を示している。(BA)

［初期仕様の転輪は、開発中にゴムタイヤの許容荷重を超えたことから外側にもう一列を追加された経緯がある。鋼製リム転輪の採用で本来意図した配置に戻ったことになり、鉄道輸送に際して専用履帯への交換とともに必要とされた外側転輪の脱着の手間は減ることになった。ツィンメリットを塗布された車両は塗装パターンの確認が難しい場合が多いが、写真のティーガーはいわゆる3色迷彩が施されているのがわかる。主砲と車体機関銃にはもちろん、砲塔の同軸機銃にも防水カバーが装着されているのが興味深い］

SS第102重戦車大隊に所属するティーガー。砲塔の戦術番号“211”は第2中隊の車両であることを示している。『ティーガー重戦車写真集』によれば、この写真は1944年7月にフランス北部で撮影された。この時期、大隊はノルマンディ周辺に構築された連合軍の海岸堡へ向けて南へ移動中だった。

この戦車は非常に興味深い迷彩塗装を施されている。それは基本色が通常のドゥンケルゲルプ（ダークイエロー）ではなくオリーフグリュン（オリーブグリーン）基調になっていることで、その上からドゥンケルゲルプとロートブラウン（レッドブラウン）の迷彩色が吹きつけられている。それは砲身や車体の明るい色の帯を見れば一目瞭然だが、この迷彩要領は1944年11月に規定されるまでは非公式なものだった。（ECPA）

［**SS第102重戦車大隊第2中隊の車体番号は、砲塔の両側面のものは白いアウトラインのみ、砲塔後面のものは白縁付きの黒で描かれていたことが知られている。ドラム缶はヴェルサイユからノルマンディへの路上行軍のために搭載されたもの。定数の45両をもってノルマンディ上陸作戦を迎えた大隊は2か月弱の戦闘とセーヌ川への後退で40両近い戦車を失い、唯一渡河に成功した1両もベルギーで爆破・放棄された**］

1944年8月の終わり、第503重戦車大隊の打ちひしがれたティーガーはセーヌ川へ向かうブルーテルード（エルブフの西8km）の路上にあった。進撃してくる連合軍部隊から逃れようと、多くの部隊が虚しい期待を抱きながら川に向かって移動していたのである。残念ながらセーヌ川にかかるすべての橋は爆撃によって落とされ、利用可能な重フェリーも残っていなかった。

写真の1944年4月以降の生産仕様車、いわゆる後期生産型は、両側の前部フェンダーを失い、残った側面フェンダーにもダメージを受けている。また同じく後期型の特徴である小型の砲口制退器（マズルブレーキ）を装着している。これは本来ティーガーII型に搭載された砲身長71口径の43式8.8cm戦車砲のために設計された。だが工場に余剰の在庫品があったため、ティーガーI型の一部にもこのパーツが装着されている。（BA）

［ノルマンディ戦での第503重戦車大隊は、第1中隊がティーガーII型（ポルシェ砲塔型）、第2および第3中隊がティーガーI型を装備した合計45両で編成されていた。前線に配置されたのは7月8日だが、8月12日には全部隊が撤退を開始する。“213”号車ただ1両がブルーテルードに到達した8月20日、大隊は残存戦車29両を爆破処分または遺棄し、すべてのティーガーを失った］

Japanese Type 2 “Kami” Amphibious Tank

日本海軍 特二式内火艇 “カミ”

日本における水陸両用戦車の実験は、イギリスのカーデンロイド水陸両用戦車の技術を基本として1930年代に始まった。水陸両用の軽戦車を製作する最初の試みのひとつは、相模造兵廠が九五式軽戦車の試作車にカポックの木で作った浮舟（フロート）を取り付けた1939年に始まった。このフロートは戦車の前部と後部に装着されていた。この珍妙な車両は、2基の船外機を装着した上で試験された。驚くには値しないが、最大の問題は戦車にほとんど機動性が期待できないことで、結局これらの努力は実を結ばなかった。

写真は、新しい“おもちゃ”を与えられたアメリカ軍水兵が、さっそく試乗に持ち出したシーン。特二式内火艇は、採用されている技術基盤からすれば、かなり立派といえる時速9.5kmの水上速度を発揮できるようになっていた。後部の排気管からディーゼルの排煙を噴き上げているのに注意。（NARA）

［日本陸軍は主に小河川などの水障害を克服する目的で、早くから装甲車両の水陸両用化を研究し、大正15（1926）年の試作1号車に始まり、'30代中盤には多数の試作車両を製作・試験している。しかし特二式内火艇は島嶼部において潜水艦から発進して直接上陸できる車両の必要性から、海軍が陸軍に開発を委託したもの。エンジンや走行装置など多くの主要コンポーネントを九五式軽戦車と共用しているが、文中にある海上移動装置を含めて、特二式内火艇は九五式軽戦車の直接的な派生型あるいは発展型ではない］

その後、九五式軽戦車の水陸両用戦車版を製作するためのより真剣な努力が始まり、結果的にこれは特二式内火艇となり1942年から生産に入った。合計184両（隻）が製造され、日本海軍の特別陸戦隊によって使用された。それらは太平洋戦域の全域にわたる作戦に投入されている。特二式内火艇は2基のスクリュープロペラで推進され、進路変更は遠隔操作式の舵を使用した。機関は九五式軽戦車と同型の空冷ディーゼルエンジンで、主武装は一式37㎜戦車砲1門が搭載されていた。軽戦車としては乗員が多く、5ないし6名が配員された。通常の乗員に加えて、各戦車には専任の機関員が乗り組む場合があり、その任務は履帯からプロペラへと動力の接続を切り換えることだった。

写真は砲塔上に車載7.7㎜重機関銃の銃架を装備した所属不明の特二式内火艇。傾斜面で構成された車体後部の設計と、浮舟の固定（着脱）のため車体各部に設置された大小の固定金具に注意。（NARA）

浮舟と同様に、特二式内火艇には2つの特別な装備を取り付けることができた。エンジングリルの上部には換気塔が装着され、これには波の高い外洋で使用するために浮動式の弁が備えられた。砲塔上部には、ハッチに追加された展望塔のようにも見える波除けがしばしば装着されている。両者は当然ながら戦車との接続部から浸水しないように設計されていた。

写真は前ページと同じ車両を正面から捉えたもの。車載7.7㎜機関銃に注目。この写真はまた、前部浮舟の固定具と履帯形状を確認できるまたとない眺めを提供している。上部に取り付けられた前照灯は、それが間違いなく浮舟の邪魔になるという点で興味深い。特二式内火艇の履帯形状は、九五式軽戦車のものと酷似しているが、少し幅が広い専用品だ。この写真でも砲塔側面に描かれた旭日旗のマーキングがはっきり確認できる。（NARA）

アメリカ軍に捕獲された特二式内火艇を捉えた右のレタッチ写真は後部浮舟の上面を見せている。そこに掛けられた太いロープは、車体からの浮舟の離脱を実証した後に、再びそれを車体に引き戻すためにアメリカ軍が結んだもの。この写真は水上用の舵を制御するためのベルクランクと、それに接続されたケーブルが確認できる絶好の1枚だ。これらはすべて後部浮舟とともに車体から脱落するもので、この写真では浮舟に付属するいくつかの接続リンク類は失われている。

左上のカットは別の車体を写したもの。後部浮舟には舵を動かすためのリンクとケーブル類を完備しており、もちろんロープの一端はこの浮舟に固定されている。また両方の写真から、さまざまな点検パネルや付属品を確認することができる。円形のバルブは浮舟に内蔵された浮嚢の一部をなすものと思われる。（NARA）

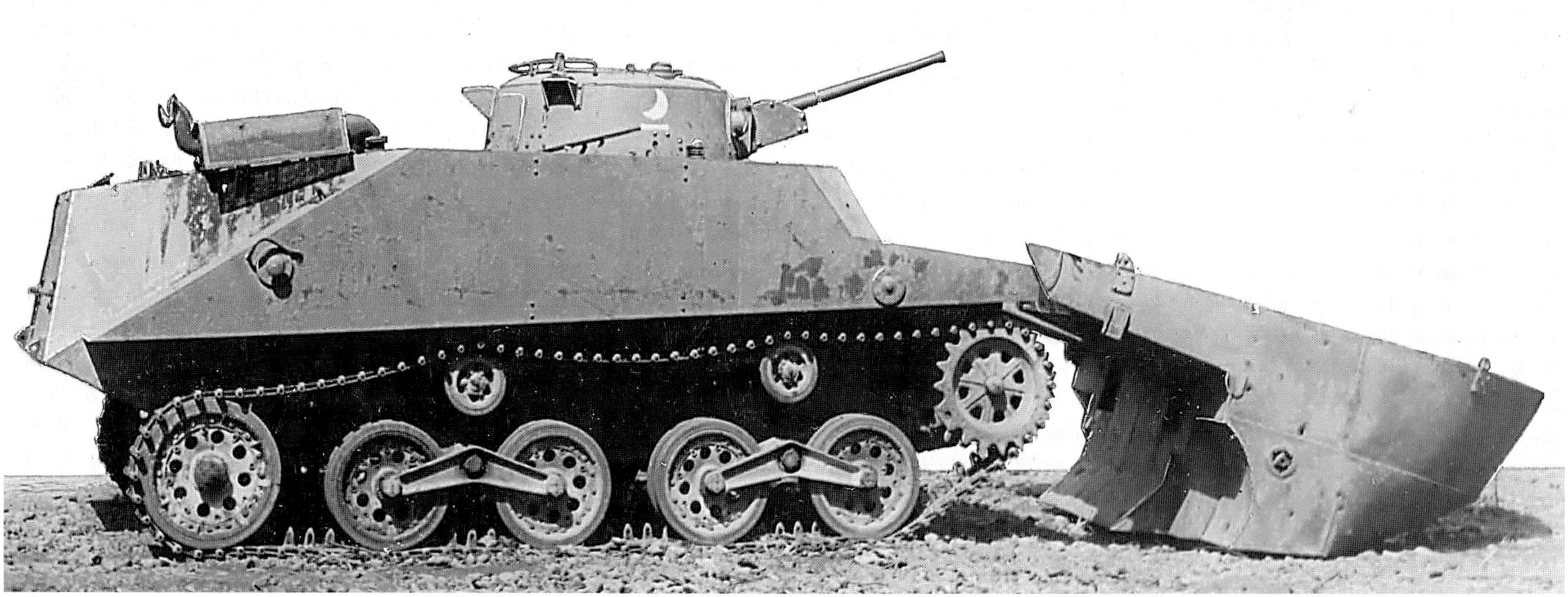

以下はアメリカのアバディーン試験場で行なわれた評価試験のさいに撮影された一連の写真から抜粋したもの。
上： 前部浮舟が切り離された場面をよく示すカット。前部浮舟は戦車が後退できるよう最初に離脱され、それから後部浮舟を投下した。砲塔の部隊マークは特に興味深い。(NARA)
左下： 浮舟が外れた状態を前方から見たショットからは、九五式軽戦車の懸架装置（サスペンション）との類似性がよく見て取れる。
右下： 後方からやや寄ったものだが、この写真では外れかかった消音器の覆いを見ることができる。アバディーンへの輸送に当たり、車体側面（画面右端）に表記されたマーキングにも注意。
［このページの車両は、中南部太平洋マーシャル諸島のクウェゼリン島でアメリカ軍に捕獲されたもの］

以下の写真は1945年のレイテ島の戦いにおいて、1月6日のオルモック夜間上陸作戦に参加した呉の第101海軍特別陸戦隊に属する特二式内火艇を捉えたもの。

上左：この写真でも前部の浮舟（フロート）固定具がよく分かる。

上右：車体後部に見える2基の大型プロペラが、なぜこの車両が高い水上速度を発揮できたかを物語っている。

中左：この車両は砲塔の戦術番号に加え、海軍の旭日旗を描いている。

中右：車体左側面と足まわりがよく見える別のショット。車体後部の換気塔は、水上航行時に海水の浸入から機関室を守るため装着された。

下左：砲塔を上から捉えたこの写真では一式37㎜戦車砲の砲尾部分が確認できる。（NARA）

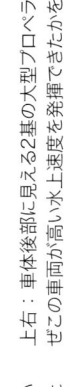

　日本軍のレイテ島上陸作戦は、オルモック湾でアメリカ軍の前進を阻止するための試みだった。アメリカ軍に捕獲されて多数の写真を撮影された“651”号車を含む特二式内火艇群もまたこの攻撃作戦に参加している。

上左：水上で艇体を旋回させるために後部浮舟に装備されていた2枚の舵が明瞭に確認できる一枚。後部浮舟が車体に接続されると、これらの舵はプロペラの直後に位置するように設計されていた。

上右：前部浮舟は、2分割のタイプと一体式のいずれかの仕様で生産された。

下左：ビーチを背にして置き去りにされた分割式の前部浮舟を正面から見る。

下左：砲塔の車長ハッチに装着された荒天用の防水展望塔。

Panther at the front
戦場のパンター戦車

1944年の東部戦線のどこかで、森林地帯に退避場所を求めた2両のパンター戦車。前方の車体は、この写真が撮影された時点では旧式化していたD型で、砲塔の側面は大量の予備履帯で覆われ、上部には風変わりな収納箱を搭載している。車体前面左側だけに装着された前照灯は、1943年以降の生産車であることを示している。（BA）

前ページの右側に小さく写っていた2両目の戦車。鋳造製の司令塔（キューポラ）が、D型に代わって生産されたA型を示している。A型は1944年の9月から生産が開始された。残念ながらこの写真では、それ以外の判別ポイントのほとんどが隠れてしまっている。戦車の後方にはIV号突撃砲が停まっている。（BA）

ティーガーと同様に、パンター戦車にも指揮戦車（ベフェールスヴァーゲン）仕様が製造された。この写真でも、ちょうど車長の頭上に星型アンテナの頂部が見えている。一連の状況を捉えた他の写真から、この車体は左後部に星型アンテナを装備したSd.Kfz.268であるのがわかる。この仕様はCG400補助発電機とともに、FuG 7およびFuG 5の2種の無線機を搭載していた。防盾右側にある機関銃の射撃口が塞がれているのに注意。イェンツ著『ドイツのパンター戦車』戦闘の支配権の探究 Jentz's Germany's Panther Tank, The Quest for Combat Supremacy では、本車を第4戦車連隊の連隊本部付車両“102”と識別している。撮影場所は1944年夏のイタリア。

前ページと同じ指揮戦車を別方向から見る。宣伝中隊のカメラマンは、荒れ地を踏み越えて機動する戦車の、より劇的なシーンを狙おうと河川敷へと駆け降りた。この写真では砲身固定具（トラベルロック）の予備チェーンが砲塔の右側に引っかけてあるのが興味深い。

写真右は、一連の車列のうち、上記とはまた別の戦車が土手の反対側へと渡ったシーンを捉えたもの。後部デッキの高い位置に装着された収納箱はこの中隊に共通した装備法だろう。（BA）

より重量の大きいティーガー戦車と異なり、パンター戦車は列車輸送を行なう場合にも特別な準備をする必要がなかった。そのため迅速に戦闘に加入することができ、列車輸送する部隊の戦闘効率を大幅に向上させることになった。また、その車両重量から、パンターはより積載能力の大きい特殊な貨車を必要とすることもなかった。(BA)

イタリア戦線では、必ずしもノルマンディ戦線がそうであったほどの航空脅威に曝されていたわけではなかった。しかし周囲が開けた場所では、装甲車両はいっそうの警戒を怠らなかった。写真のパンター戦車A型は、ある遮蔽陣地から別の陣地へと用心深く移動している。ツィンメリットコーティングは、この戦車が周囲の風景から浮き上がらない（目立たない）効果も果たしている。この車両は、本書42ページにも別アングルの写真が掲載されている。(BA)

連合軍のアンツィオ上陸は、その地域のドイツ軍に切迫した機甲部隊の必要性を作り出した。ドイツ軍の各部隊は鉄道と陸路により海岸堡へ向け急行させられた。この写真と続く2枚は、1944年1月下旬にローマ市街を抜けて移動するパンターA型の初期生産仕様を撮影したもの。操縦手以外の全搭乗員が戦車の外に出ている。後部デッキに立っているのは、野戦憲兵中隊の所属である可能性が高い。(BA)

前掲の写真と同じ戦車。この車両は特有の“サブフェンダー”をまだ車体右側（画面左手）に残している。通常これらは前部フェンダーの上に、後ろ向きに重ねて携行されていた。また写真のパンターはシュルツェン（サイドスカート）を1枚も欠かさず維持している。後部デッキの野戦憲兵は、密集したこの市街地を早くそして安全に通過するための経路誘導をしていると思われる。砲身固定具のチェーンが完全にかけられているのに注意。（BA）

ローマを通過する車列のまた別のパンター戦車。このパンターは、エンジンの冷却を多少とも促進するために、機関室の点検ハッチを開いたまま走行しているのだろう。薄く使い捨ての砲口制退器（マズルブレーキ）カバーに注意。これは擦り切れたら捨てても惜しくないし、また緊急時にはカバーをしたまま射撃することもできた。（BA）

29ページの戦車と同じ第4戦車連隊のパンター戦車A型群を写した別の画像。これが撮影された1944年2月の時点では、彼らはアンツィオの連合軍海岸堡にさらに近付いていた。この写真は路上に列をなしたパンターを写したシリーズの一部で、他の戦車の多くは、丸太をバンド状に連結した悪路脱出用具を携行している。(BA)

SS第1戦車師団“ライプシュタンダルテSSアドルフヒットラー”は、再編成のため1944年6月にロシアからベルギーに移動させられた。同地で部隊は新品の戦車を受け取り、さまざまな機動訓練や演習を行なった。この項目の以降の写真は車体前面にボールマウント式の機銃架を備えたパンター戦車A型を捉えている。このタイプはしばしばA型の後期仕様とも呼ばれる。しかし実際は、この仕様変更は1943年10月中旬に導入されている。このページと次のものはベルギーのフィルフォルデにおいて撮影された。フィルフォルデはブリュッセルの真北にある小さな町だ。戦車が加速したため、履帯の上部が張りつめているのに注意。(BA)

フィルフォルデにおけるライプシュタンダルテSSアドルフヒットラー（LAH）のパンターの、前掲とは別の車両。写真の戦車はともに砲塔に多数の予備履帯を携行している。取り付け具は部隊によって改造されたもので、この場合はスチール製の太いロッドが砲塔の天板に溶接されている。これらは履帯の起動輪に噛む穴の位置に合わせて、一定間隔で付けられている。（BA）

1944年9月のリトアニアにおいて、戦車の隊列を組んで移動する第III戦車軍団のパンター。車体前部のボールマウント式機銃架で分かるように、この車両は後期仕様のA型に分類される。戦車の乗員は大量の松の枝を使って車両を覆っている。この環境を考慮すると、この偽装は有効であることがわかる。車両がわずかな登り勾配にかかるだけで、（後方の転輪のスプリングが縮み）誘導輪が下がっているように見えることに注意。戦車が加速するとともに、重心が後方に移動するためだ。（BA）

前ページの車両に続いて前進するパンター。この戦車もまた樹木による入念な偽装を施しており、たいへん興味深いことに前面装甲板に予備の転輪を載せている。これもまた前掲の車両と同じように、あらかじめ車体にワイヤが接続され、牽引の用意ができている。これは戦闘下での回収作業を少しでも迅速にするためだろう。背後の初期型ベルゲパンター（パンター戦車回収車）に注意。(BA)

パンター戦車のすべてのモデルに共通するひとつの特徴として、車体後端の上部に主砲の洗桿（クリーニングロッド）を収めたケースを搭載したことがある。車体側面の上部に標準装備されていたケースは頻繁に戦闘被害を受けたので、これは配置場所としてはるかに合理的だった。クリーニングロッドは主砲の状態を最高に保つのに必要不可欠なものだったので、いち早く多くの部隊がより安全な車体後部へケースを再配置した。ただし、これはパンターの生産期間の全体にわたって、部隊による改造の範囲に留まった。（BA）

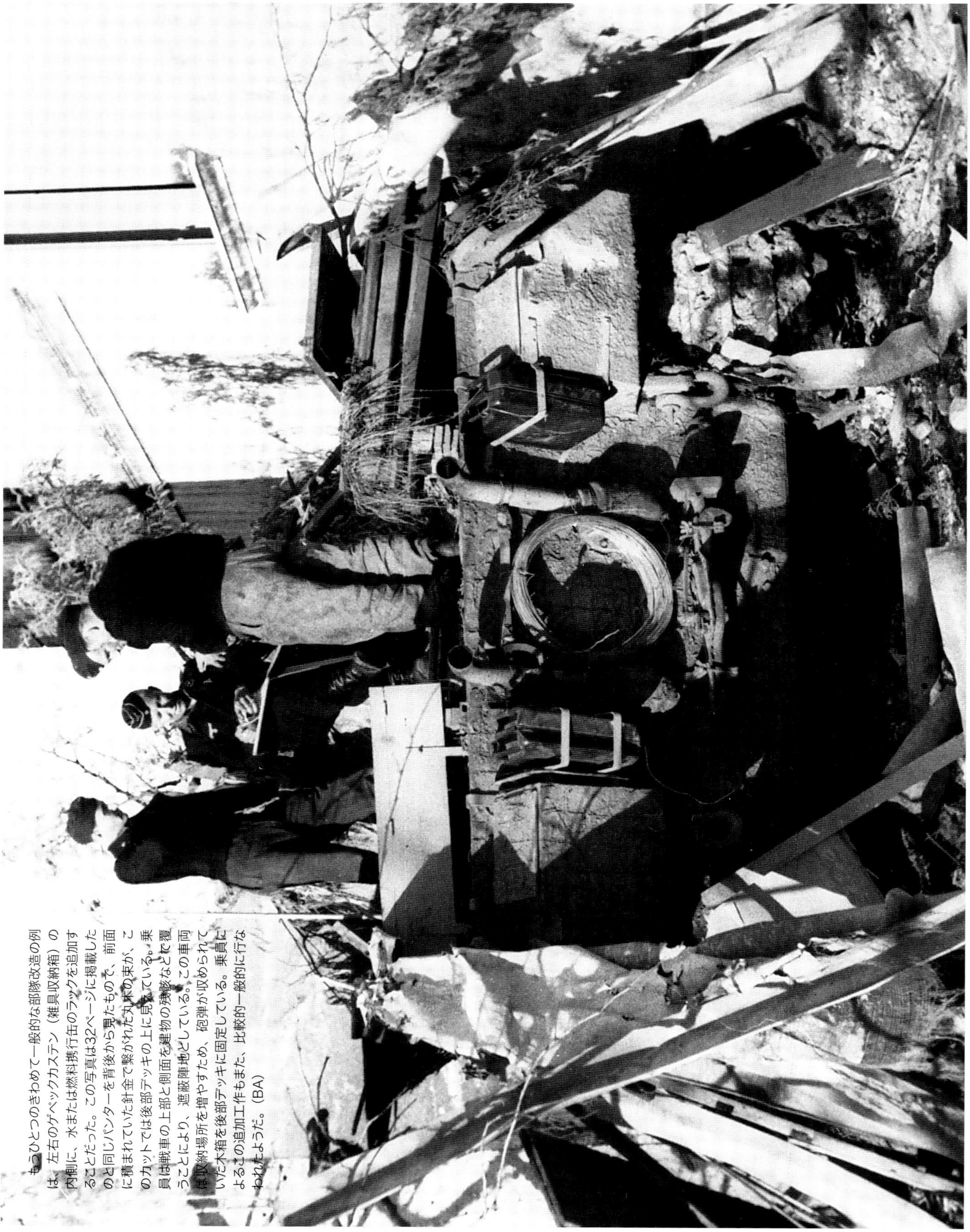

もうひとつのきわめて一般的な部隊改造の例は、左右のゲペックカステン（雑具収納箱）の内側に、水または燃料携行缶のラックを追加することだった。この写真は32ページに掲載したのと同じパンターを背後から見たもので、前面に積まれていた針金で繋がれた丸木の束が、このカットでは後部デッキの上に見えている。乗員は戦車の上部と側面を建物の残骸などで覆うことにより、遮蔽陣地としている。この車両は収納場所を増やすため、砲弾が収められていた木箱を後部デッキに固定している。乗員によるこの追加工作もまた、比較的一般的に行なわれたようだ。(BA)

1944年7月、フランスのファレーズの街の近郊で撮影されたパンターA型指揮戦車。SS第12戦車師団"ヒットラーユーゲント"隷下のSS第12戦車連隊第1大隊に所属する車両だ。(ECPA)
[指揮戦車は、標準型では車体後部に立つ無線アンテナが砲塔上部に移設され、後部にはシュテルン(星型)アンテナが装備されていることで識別できる。砲塔側面の予備履帯の上からシュラフを重ねて搭載し、その間に予備のシュテルンアンテナを挿し込んで携行しているのが確認できるだろうか]

前ページのベフェールスヴァーゲン（指揮戦車）の前を別のパンター A型が通過する。パンター系列としてはやや例外的に、この指揮戦車の砲塔には乗員の携行品が大量に搭載されている。指揮車は増備した無線機のための補助発電機を搭載しており、その分の車内の弾薬搭載スペースが削られているためだ。戦闘に加入する場合には予備の弾薬が追加搭載されるため、手回り品の積載余地はさらに少なくなった。SS第12戦車師団は7月のこの地域で大規模は戦闘行動を行なった。（ECPA）

1944年6月上旬、ノルマンディの路上を行軍する第6戦車連隊のパンター戦車群。この時期、第6戦車連隊は戦車教導（パンツァーレーア）師団に配属されていた。この戦車は車体右側後部の丸めた予備履帯や砲塔右側面の飯盒をはじめとした、すべてが興味深いさまざまな物品を搭載している。防盾の単眼式望遠照準器は、この戦車が1943年11月中旬以降に生産された仕様であることを示している。主砲のトラベルロック基部には、女性名“ゲルダGerda”が小さくペイントされている。（ECPA）

2枚の写真は前ページの後方に写っている戦車を捉えたもの。この車両もまた単眼式の望遠照準器を備えている。新設計の防盾が工場に届くまでは、左写真に見えるように旧タイプの防盾の2つある開口部の一方にプラグを溶接し、閉鎖措置を施していた。このカットでは、防盾の同軸機銃および車体前方機銃の双方の銃口に、小さな防水キャップが被せられているのも確認できる。パンターの日常整備では、車体前方機銃のボールマウント式銃架に対するだけでなく、操縦手用クラッペ（装甲バイザー）の開閉機構への注油も行なわれた。両者から垂れた余分な潤滑油が、ツィンメリットコーティングの多孔質の表面に染みを付けている。（ECPA）

Sturmgeschütz at the Front
前線におけるIII号突撃砲

突撃砲の開発と配備は、近代兵器の歴史において他国に例を見ない特異な様相を呈した。突撃砲の任務は、歩兵が困難な障害を克服するのを援助することができる機動支援兵器であると位置付けられた。ドイツ軍は第二次世界大戦の全般にわたって圧倒的な有効性を発揮したこの概念を採用した。さらに戦争が進展するにつれて突撃砲の任務が変わっても、ドイツ軍は突撃砲を最大限に重視して使い続けた。現代においてさえ、ドイツ連邦陸軍は近代的なマルダーとともに突撃砲の開発を継続し、さらに非常に実験的な意味合いではあるが2連装砲身を備えた試作車まで製作した。歩兵支援用としての突撃砲の役割は、やがてブラッドリーやウォリアーといった歩兵戦闘車（IFV）の出現によって覆い隠されてしまった。

装軌式シャシーにさまざまな火砲を搭載する実験を開始した'20年代から'30年代に、ドイツ軍は最初に突撃砲のこの役割を構想した。当時の新型だったIII号戦車C型のシャシーに非装甲の上部構造が搭載されると、このアイディアはさらに拡大し、また構想は絞り込まれた。これは突撃砲“O”シリーズと呼称された。初期のいくつかの理由に反して、上部構造が普通鋼で作られたこの車両は装甲されることがなかった。もちろん戦闘にも投入されなかったが、しかし重要な訓練用補助機材であり続けた。突撃砲の計画が完了することは、ポーランド戦の最中に明らかになった。その後の開発は突撃砲の最初のモデルであるA型に結実した。A型はIII号戦車E型のシャシーをベースにしていた。この新型車両は8両のみが生産され、初めての突撃砲部隊となったグロースドイッチュラント歩兵連隊の第16突撃砲中隊に配備された。この小さな部隊は訓練され、そしてそのわずかな突撃砲の全数をもって展開した。彼らはGD歩兵連隊を支援したフランスで最初の戦闘を経験し、彼らの役割は投入された武器の数量に見合ったごく限られたものだったが、そこで得られた戦訓は後の作戦において非常に貴重であると証明されることになる。戦争の進行につれ、突撃砲の役割も変わり始めた。突撃砲は敵戦車への対処を要求されることが多くなっていた。火器の威力増大と自動車工学的な改良により、突撃砲はB型、C/D型、E型、F型、そしてG型へと進化していった。戦争の終末期、戦車の不足を補うため多くの戦車連隊が突撃砲によって装備されていた。

写真の突撃砲は、戦闘室左側（向かって右側）の照準器開口部の周囲に跳弾用リブが設けられていることから、B型と識別することができる。1941年夏季のロシアで撮影された。この車両は両サイドのフェンダー上に窪地などを脱出するための大きな材木を携行している。車上には重機関銃分隊の全員である8名の歩兵が跨乗している。（BA）

この突撃砲は戦闘室左側に照準器のための開口部が設けられていないのでC/D型だと分かる。C型とD型における外観的相違点は、わずかにC型では車体前部上面のハッチにキーによるロック機構が設けられているだけに過ぎない。（BA）

ギリシャ南部の港において、III号突撃砲E型とその乗員が彼らへの命令を待っている。E型は戦闘室の両サイドに長い長方形の張り出しが設けられていることで識別することができる。これらは新しい無線機の収容場所を確保するために設けられた。

III号突撃砲C/D型の後部を捉えた素晴らしいショット。車体後端に装備されたスモークキャンドル（発煙装置）の列に対する装甲カバーの装着はB型から導入された。薄い鋼板で作られた排気偏向板（デフレクター）が車体後面下部のマフラーを二分割するように追加装着されているのが興味深い。（BA）

機甲擲弾兵師団“グロースドイッチュランド”に属するオートバイ狙撃大隊の伍長が、戦友と冗談を交わしながらグロースドイッチュランド突撃砲大隊のIII号突撃砲F型の前でポーズを取っている。戦術番号“16”は第1大隊の6番砲（6号車）であることを示す。興味深いのは、水用であることを表すマークが入った携行缶にも戦術番号が描かれている点と、車上に積まれた主砲弾の空薬莢だ。空薬莢はもちろん、未使用または不発の砲弾は梱包ケースと同じように師団の兵站部員によって集められ、ドイツへ後送するために補給集積地に送り返された。また写真右端に見える予備転輪の側の車体上に履帯ピンが搭載されているのや、サスペンションの周辺に泥や草が溜まっているのにも注意したい。(BA)

対戦車地雷で行動不能に陥ったグロースドイッチュランド師団の突撃砲旅団第1中隊に属するIII号突撃砲F型が後方の修理施設へ回収されるのを待っている。師団の整備部門であるグロースドイッチュランド・クラフトフォール・パークトゥルッペは、ほとんどの修理を引き受けるに充分な3個の整備中隊（ヴェルクシュタット）と部品補給中隊、武器整備班で編成されていた。整備中隊はこの写真で見られる車体後部の燃料携行缶ラックやデッキ上の収納ラック、予備の転輪と履帯のブラケットなど、部隊の装備に対する一連の幅広い改修作業にも責任を負っていた。（BA）［GD突撃砲大隊は1944年に突撃砲旅団と改称されたが、実際は突撃砲約30両を保有する大隊規模のままだった］

グロースドイッチュラント戦車部隊の士官に注視されながら、ドン川沿いの鉄道線路に角材を敷き詰めて作られた道路を移動するGD突撃砲大隊のIII号突撃砲F型。この写真の車両は、操縦手の頭上と砲を挟んだ反対側の戦闘室前面上部の装甲板の避弾経始を向上させ、防御力を高めようとにコンクリートを盛り付けている。(BA)

このIII号突撃砲F型は、車両を特定するための興味深い特徴がいくつか確認できる。車体前面には1942年8月の生産車であることを示す30mm厚の増加装甲が溶接されている。この装甲板は車体前面の旧型牽引シャックルや操縦手の視察装置と潜望鏡の開口部（ふたつの丸い穴）のある部分は切り欠かれているのに注意。また、雪上での接地圧を改善するために、幅の広い"ヴィンターケッテン"（冬季用履帯）を装着している。（BA）

III号突撃砲のG型を生産するにあたって、いくつかの大規模で重要な変更が導入された。最も顕著なのは、この写真で見られるように、より避弾経始にすぐれた傾斜面をもつよう再設計された戦闘室、7基の視察用潜望鏡（ペリスコープ）を備えた車長用司令塔の追加、そして車体後端に大きな装甲板による張り出し構造を設けたことだった。戦闘室の後面に排煙装置（換気扇）が位置しているのは、この車両が1943年7月以降に製造されたのを示している。(BA)

1943年から1944年にかけての冬季に中央ロシアの路上を移動するIII号突撃砲G型の隊列。グロースドイッチュランド以外にも、部隊の多くが車体に大型で精巧な収納箱を搭載していた。時として、これらは単に乗員の即興で作られたものだった。大型の収納箱は特定のIII号戦車にも見られる。手前の突撃砲は車体後面に予備の転輪を取り付け、車体の周囲にいくつかの長さの予備履帯を携行している。

このページと次のページに掲載した車両は、1943年4月または5月初旬の生産車である可能性が高い。その根拠は車体前面に30mm厚の増加装甲を装着しているからだ。これらは1943年5月に前面装甲そのものの厚さが80mmに変更されるのに伴って、装着が廃止されている。(BA)
[操縦席前面の増加装甲が1枚板（潜望鏡の開口部分で分割されていない）であることや、一部車両に装備された発煙弾発射機が付いているなど、G初期型といわれるタイプの後期仕様の特徴がよく分かる]

この突撃砲で特記すべきは、戦闘室の両脇に2個ずつのブラケットを増設して予備転輪を搭載していること。このため、本来ならフェンダー上に水平に固定されている牽引用ワイヤが、転輪の間を渡すようにして携行せざるを得なくなっている。また車体前面の予備履帯は、センターガイドに肉抜き穴のないタイプなのにも注意したい。（BA）
［さらに特徴的なのは、戦闘室の傾斜面に付けられた増加装甲。鋼板を箱状に組んで溶接しているようにも見えるが、他にあまり例を見ない手法だ。また車体下部側面には予備履帯のラック、後部デッキ上には装具ラックを追加しており、総じて部隊改造が多い車体といえる］

車両の生産時期を示す特徴的なポイントの多くが車外の装備や搭載物によって隠されており、この写真からそれを特定することは難しい。車両は1944年に工場におけるツィンメリットの施工が導入される以前の仕様を示すが、やや手荒な仕上げのコーティングが施されているようだ。車体前面は、この場合は明らかに装甲強化の目的で大量に搭載された予備履帯によって覆われている。また戦闘室の天面には長くつないだ予備履帯を掛けられるように、2本の支柱が溶接されている。シュルツェン（サイドスカート）は、この時期の突撃砲に見られる上部に小型の板を重ね合わせたものではなく、III号戦車と同様に大判の1枚のみのタイプになっている。(BA)

［泥を巻き込まないようにするためか、シュルツェン下端の前後を丸く切り取る改造が施されている］

1943年始め頃のオランダで、訓練のため路上行軍するIII号突撃砲の隊列。これらは装着が始まった頃の仕様として典型的に見られる2枚合わせのシュルツェンと、車体前面にボルト留めされた30㎜厚の増加装甲を備えている。また、全車が戦闘室の上部を覆うため念入りに作られた防水カバーを装着しているように見える。突撃砲は雨風に対する密閉構造には程遠かったので、戦闘行動によって装着を禁じられない限りは、この防水カバーはすぐに閉じられた。(BA)

この III号突撃砲G初期型もまた III号戦車のような1枚板のシュルツェンを装着している。車長用司令塔の前の戦闘室には予備履帯が載せられている。このシーンは戦闘室上面に掛けられたままの防水カバーと、開いた状態の操向ブレーキ点検ハッチなどから訓練演習であると思われる。このハッチは多少なりとも（変速機の熱がこもりがちな）操縦手の足の上で開くので、乗員にとっては補助的な換気装置として歓迎された。（BA）

写真のG型は車体前面の30㎜厚ボルト留め増加装甲と司令塔基部の跳弾板を装着せずに製造されている。これらの特徴と工場で施工されたツィンメリットコーティングの存在は1943年9月の生産車であることを示している。ツィンメリットに刻まれた細かい正方形のパターンはMIAG工場の製造によることが知られている。司令塔に装着された砲隊鏡の対物部には、太陽光を遮るための延長フードが取り付けられているのに注意。（BA）

興味深いことに、この III号突撃砲中期生産型には同軸機銃の搭載を示す丸い開口部のある溶接型防盾が装着されている。これは1944年6月の生産車から導入されたものだが、写真の司令塔基部前面には跳弾板が付加されていない。これはこの車両が1944年6月から10月までの間に製造されたことを意味する。シュルツェンに施された珍しいパターンの迷彩塗装と、2匹の車両のマスコットにも目を引かれる。(BA)

ここに見られる8月下旬に製造されたIII号突撃砲G型は、連合軍の空地一体攻撃“マーケット・ガーデン”作戦の開始直後の1944年9月19日にオランダでアメリカ兵が点検する状況を撮影された。この車両は車体前面装甲板や操縦手視察装置、砲口制退器などに夥しい敵弾を受けている。注目すべきは、視察装置の防弾ブロックが完全に破壊されて車体から失われていること。車体前端に取り付けられている砲身固定具（トラベルロック）は1944年7月の生産車から導入されている。（NARA）

ブタの鼻（ザウコップフ）として知られている鋳造製の防盾は1944年10月の生産車から導入された。その初期の例としては、この写真で見られるように同軸機関銃の搭載を示す開口部は設けられていなかった。この突撃砲は1944年夏の生産車から見られるようになった3種類の全金属製上部転輪のうち、2番目のタイプを装着している。（BA）

1944年11月上旬の生産車両を近くから見た別ショット。車両が右旋回を行なうと、左側の履帯がどのように弛むのかが分かって興味深い。ワッフルパターンと呼ばれるツィンメリットコーティングはこの車両がアルケット社で製造されたのを示している。(BA)

写真の2両の突撃砲には、ともにザウコップフ型防盾に同軸機銃の開口部がなく、どちらも11月上旬の生産車であることを示している。画面左側の車両は戦闘室前面右側に、比較的他に例を見ない装着方法である3連のものを含めて、車体のいたるところに大量の予備履帯を搭載している。(BA)

アメリカ陸軍第28歩兵師団の兵が、1944年11月初旬に生産された III号突撃砲から記念品を持ち帰るべく点検中。1944年11月24日という撮影時期から、これらの兵はこの車両の現役期間を著しく短くしたようだ。この車両は標準とは異なり、ゴムタイヤ付きの従来タイプと後期スタイルの全鋼製の2種類の上部転輪を混用している。車体前端に砲身固定具の痕跡が認められないので、この突撃砲は損傷車を修理再生したものかもしれない。（NARA）

フランス・ルーアンの鉄道操車場では、この突撃砲は機関車としての仕事に駆り出されている。これを容易にするため、戦闘室はそっくり外されているが、特に代償重量を補足しなくとも、この新しい任務を立派にこなしているようだ。車体後部にはアメリカ式の大型牽引フックが溶接されており、恐らく車体前部には何らかの形式のバンパー（緩衝材）が追加されているはずだ。最後期仕様の上部転輪以外には、この車両の製造時期を特定するための材料はほとんど残されていない。1945年2月19日の撮影。（NARA）

Sturmörserwagen 606/4 mit 38cm Raketenwerfer 61 “Sturmtiger”

38cm ロケット発射器61型搭載突撃臼砲606/4 “シュトゥルムティーガー”

第二次世界大戦中に兵器を開発するにあたり、ドイツ軍は間違いなく特異な方法論を適用していた。装備品のある面について将来的な必要性を見越し、それに向けて開発を進めた連合国軍と異なり、ドイツ軍は過去の経験を振り返り、以前に遭遇した状況に完璧にマッチする兵器を計画しようとした。シュトゥルムティーガーは、まさにこの実践の典型例と言えるだろう。

スターリングラードでの戦訓に基づき、市街地において強化火点と建造物を制圧・破壊することができる車両の必要性が認識された。この車両の場合は、常識外れの大威力火器とともに、それを充分に機動させ得るだけの完全に装甲化された車台もまた必要とされた。この兵器に充分な装甲と機動性を与えるために、車台はティーガーIのものが選ばれた。最初は21cm榴弾砲の自走砲型が考えられたが、この設計案はほどなく破棄された。ドイツ海軍は彼らの開発したきわめて未来的な38cm 5.4口径長ロケット対潜擲弾発射器（38cm Raketen-Tauchgranatenwerfer L/5.4）を自走車台に搭載する案を強く要求していた。38cm RTgW L/5.4は海軍施設を敵潜水艦から防護する目的で設計されたロケット推進の対潜爆雷投射器だった。これが軍需相アルベルト・シュペーアの目に留まり、この兵器をシュトゥルムティーガー計画の主武装とすることを示唆した。結果的にこれが実現したが、兵器は完全に再設計され、それ自体は38cmロケット発射器（ラケーテンヴェルファー）61型として知られるものになった。

新しい設計における努力の多くは発射体（ロケット砲弾）に向けられていた。当初のロケット弾は爆雷として設計されていたので、空気力学的な外観は与えられていなかった。新しい砲弾は有効射程において大規模構造物を破壊するに充分な重量が必要とされた。ティーガーIの車台を使用するという最初の提案は、ティーガーIが前線部隊にとって必要不可欠であるという理由から、陸軍の関係部署による猛烈な抵抗に遭った。結局はオーバーホールのために前線からドイツに戻されたティーガーIの車台だけを再利用することが決定された。追加の車台に関しては危機的な状況が続き、結局シュトゥルムティーガーの生産はわずか18両で終了した。

前ページから続く写真は、アメリカ軍の第464装備後送中隊が表彰されたさいに短期間イギリスに滞在した1945年の夏に撮影されたもの。（IWM）

生産されたすべてのシュトゥルムティーガーは、車台をE型の後期仕様に改修され、新型のHL230エンジンや鋼製リム転輪などに装備を更新された。厚い装甲板による大型の戦闘室の製作や組み付けを含むこれらの大規模な改造はベルリンのアルケット社によって実施された。当初シュトゥルムティーガーは戦車師団に編成される特別な“機甲突撃臼砲中隊”に14両ずつが配備される予定だった。しかしこれは生産数が非常に少なかったことから、ついに実現しなかった。最終的に第1000、第1001、そして第1002の3個の機甲突撃臼砲中隊が編成されたが、ついにそのどれにも4両以上のシュトゥルムティーガーが装備されることはなかった。後に部隊の管轄は砲兵に移され、その名称も同じ“中隊”の意味ながら、機甲科の“コンパニー”から砲兵科の“バッテリー”へと変更された。

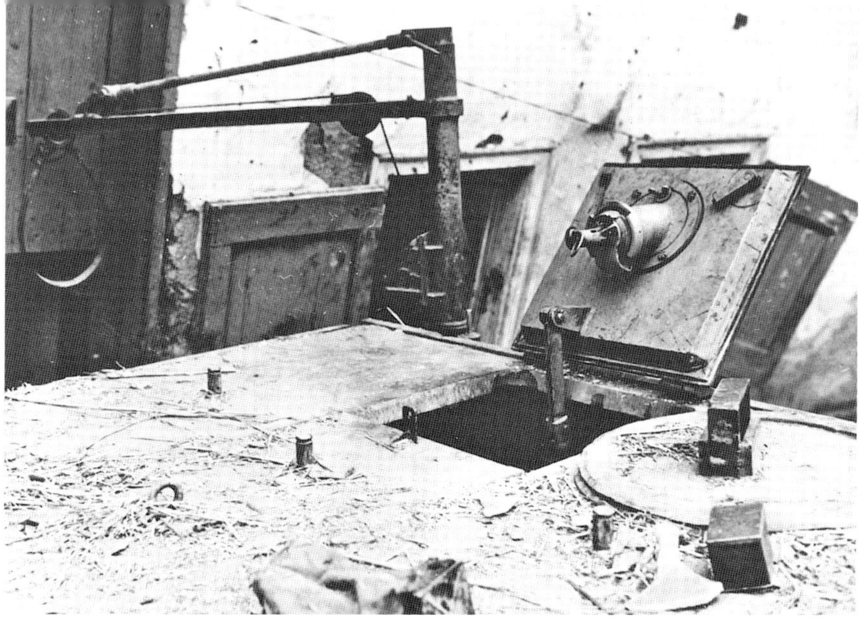

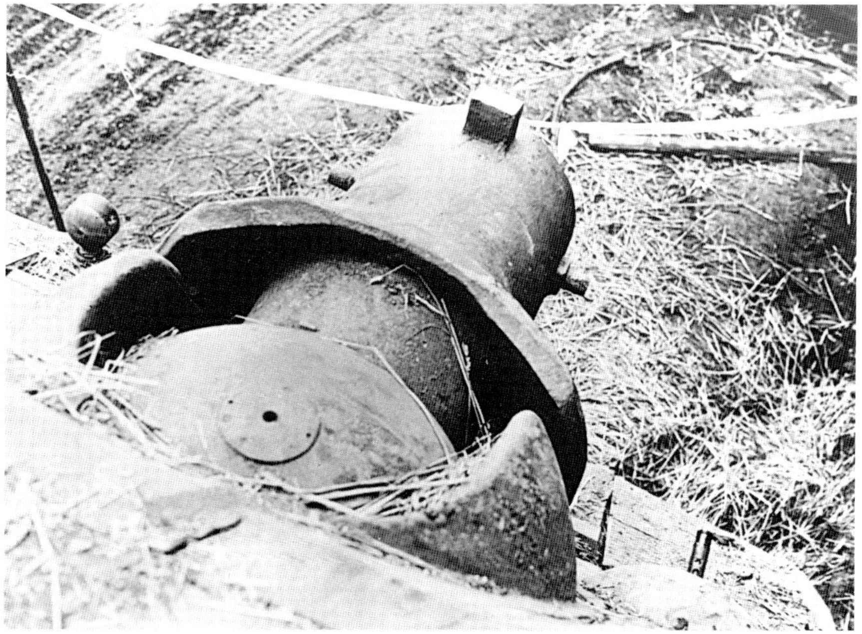

以下の一連の写真は、1945年4月にアメリカ軍の第464兵器後送中隊に捕獲・調査される第1000機甲突撃臼砲中隊のシュトゥルムティーガーである。
上左：戦闘室上面から、開いている指揮官用ハッチを見る。この時期の他のドイツ軍車両と同様に、ハッチには近接防御用の擲弾発射器“ナーフェルタイグングスヴァッフェ”が装備されている。
上右：ロケット弾搭載用のホイスト。画面左下には大型の乗員乗降用ハッチが見えている。
下左：分厚い装甲を施されたロケット発射器（ラケーテンヴェルファー）61型の砲架を上から見る。この砲身はロケット弾の発射に伴う燃焼ガスを放出するため、二重構造になった砲身の先端に空けられた一連の小さな穴を利用した。穴の数は試作車の20から30、31、あるいは40にいたるまで、車両によって異なっている。
下右：戦闘室後部の乗降ハッチを通して、ロケット弾の装填トレイと6発分の弾薬架を見る。（all NARA）

シュトゥルムティーガーは後送車両の改造に基づくため、改装前に施されていた“ツィンメリット”反磁性コーティングを車体下部に残している例がしばしば見られる。しかし奇妙なことに、シュトゥルムティーガーの生産は（ドイツ戦車全般に対して）ツィンメリット塗布が中止される前に始められたという事実にも関わらず、戦闘室にはコーティングが見られない。この車両の元の車台番号は1943年7月に生産された“250327”として記録されている。（IWM）

戦闘室が外された状態。隠されていた室内の全般的なレイアウトが露にされている。砲塔リングとその跳弾板の残りの一部が画面下端近くに見えており、シュトゥルムティーガーは後送された戦車の車体を改造して作られているのが分かる。(IWM)

戦闘室内部の左側を見る。中央下部に見える変速機とともにその左側に位置する操縦席付近もよく分かる。操縦手の頭上、主砲（ラケーテンヴェルファー 61）左側の架台には、直接照準用のPaK ZF3型望遠照準眼鏡が装着されている。内部機器の多くは調査のため分解されており、この写真でも砲尾の閉鎖器とその開閉ハンドルは砲の俯仰（高低）ハンドルともども取り外されている。（IWM）

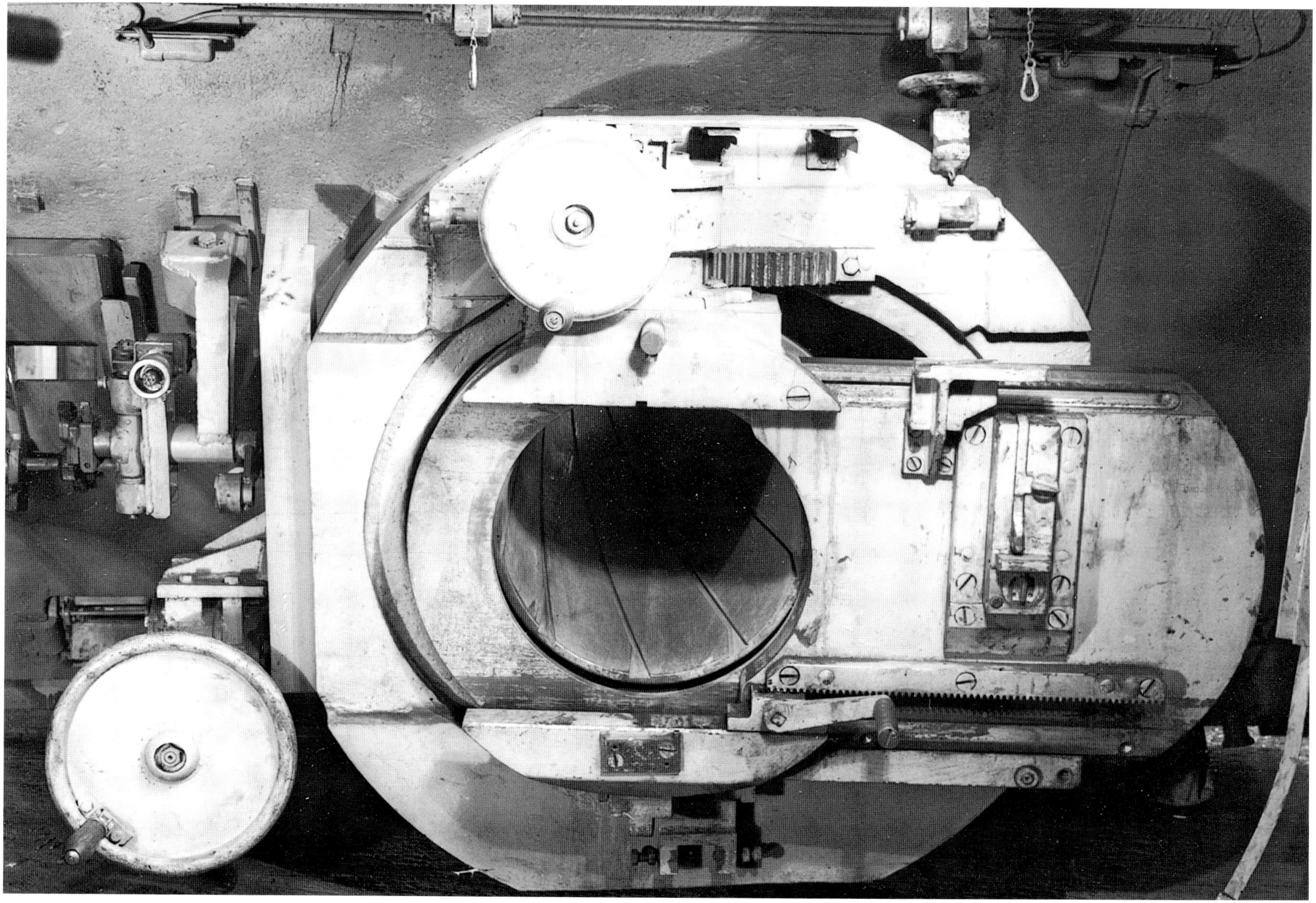

この写真では砲尾はほとんど損なわれていない。画面左下には砲の俯仰ハンドルが見え、砲尾の右下には砲尾の操作レバーが確認できる。プレート状の砲尾ブロックは、このレバーを20回ほど回すことで閉じ開きすることができた。砲自体の左右旋回は砲尾の上部に付いた小さなハンドルを回すことで行なった。写真上端右寄りには、走行時に戦闘室に砲を固定するためのトラベルロックとして、ごく小さなフックとハンドルが装備されているのが見える。（IWM）

砲尾の右側に隠れるようにして車体前方機銃が見える。この武器は履帯の上部にあたるずいぶん窮屈なポジションからリモート射撃されたのは知られていない。通常型のティーガーIでは、この武器は操縦手席の反対側に装備されていた。（IWM）

Japanese Type 94 Tankette
日本陸軍九四式軽装甲車

九四式軽装甲車は、その開発に関して非常に珍しい事情を経ており、最初は単純な不整地機動用車両の必要性から生まれた。1920年代、日本陸軍は弾薬輸送車の開発要件をもっていた。軍は前線の部隊に輸送車が弾薬を届けるにあたり、できるだけ敵に発見されずに行動できる能力を要求した。この条件の解決法を探って、まずカーデン-ロイド2人乗り装甲車が購入された。しかしカーデン-ロイドでは供給態勢が不足しており、かといって、そのままコピーする案も放棄された。その後、日本軍はこの条件を満たすため、独自の車両を開発することを決定した。九四式軽装甲車はその結果である。

九四式軽装甲車の開発は、1933年に東京瓦斯電気工業株式会社が試作車を製造したことから始まった。最初の試験では、この車両が非常に幅広い用途に使えること、そしてこの“豆タンク”が時速45km以上の快速をもって生まれたことが証明された。試験の好成績と、低い生産コストが見積もられたことに基づき、ただちに発注が行なわれたのである。

写真は 昭和16（1941）年8月、中国西部の新疆（シンチヤン）川を渡る九四式軽装甲車の隊列。この写真は修正されているように見える。しかし、これら豆タンクが持てる荷物の一切合切をどのように運んだかをよく示している。（NARA）

兵站上の必要性を満たすため、九四式軽装甲車が牽引するための装軌式の装甲トレーラーが用意された。九四式軽装甲車は車体幅が狭く軽量のため、ジャングルなどの狭い獣道でもこのトレーラーを牽引することができた。このためヨーロッパ主要国の陸軍がこの種のタンケッテの配備を廃止したかなり後まで日本軍は九四式を装備し続けた。

写真は捕獲された九四式軽装甲車。フェンダー上の消音器カバーと、その上に見える消音器の取付け具に注意。(NARA)

上：九四式軽装甲車は、主に装甲武器運搬車つまり“豆タンク”と、トレーラー牽引車のふたつの役割をもって歩兵師団の戦車中隊に（軽装甲車小隊として）配備された。しかし、これらの豆戦車が師団にとって固有配備されて手軽に使える唯一の機甲戦力だったのと、専用トレーラーが配備されないこともあって、九四式は軽戦車として運用されることが多かった。

写真の渡河を行なう九四式軽装甲車の隊列は、例外的にもともと本車が牽引するために設計された装軌式の装甲弾薬運搬車（九四式三／四屯被牽引車）を伴っている。(NARA)

下：九四式軽装甲車は操縦手および車長兼機関銃手の2名が搭乗した（非常に小柄な日本の戦車兵でも窮屈であったろう）。出力32馬力の4気筒ガソリンエンジンを搭載し、7.7mm機関銃1挺を装備していた。

写真は捕獲された九四式軽装甲車の新たなオーナー（?）がそこらへんをひとまわり試乗に出ようとしている光景を捉えたもの。昭和20（1945）年9月27日の撮影。(NARA)

［仙台市内に進駐したアメリカ第11空挺師団の兵を撮影したもの。左側後方に写っているのは後期に作られたという特殊仕様の九四式。操縦席の位置が左右逆になっているだけでなく、車体前部やハッチの形状も異なっている］

Japanese Type 95 Tank
日本陸軍九五式軽戦車

昭和8（1933）年、日本陸軍は軽戦車の開発計画をスタートさせた。この新開発までに、日本陸軍は八九式中戦車と九二式重装甲車を装備しており、当時どちらの車両も北支および満州で運用されていた。この実戦投入での経験から、中戦車の車重は山岳地方の地形において過大であり、一方、重装甲車の武装は貧弱に過ぎることが認識された。そこで軽戦車の必要性が認められたのだった。この軽戦車を製造しようとする尽力の結果が九五式軽戦車となった。

写真は捕獲直後に撮影された九五式軽戦車。少なくともこのアングルからはほとんど損傷を受けていないように見える。（NARA）

九五式軽戦車は、日本軍が開発した三番目の戦車だったことから、イロハのハをとって“ハ号”とも呼称された。三菱重工業は昭和9（1934）年に最初の試作車を完成させたが、試験の結果、第二次試作車を製造することになった。最大の問題は歩兵科と騎兵科がそれぞれ独自の必要条件を盛り込もうとしたことで、これは双方がある程度の妥協を必要とすることだった。第二次試作車はそれが昭和10（1935）年に量産を命じられたように、最初に比べてより多くの要件を満たしていると判断された。九五式軽戦車は昭和17（1942）年までに1,165両以上が生産された。

写真は戦闘によっていささかくたびれた状態の九五式軽戦車。マーキングは戦車第十四連隊第三中隊を示している。車体前部には、しばしば小さな日の丸の旗が描かれていた。（NARA）

九五式軽戦車は乗員3名、口径37㎜の九四式三十七粍戦車砲1門と口径7.7㎜の九七式車載重機関銃2挺を装備していた。機関銃の1挺は手動操作される砲塔の後部に、もう1挺は車体前方機関銃として装備された。九五式は直列6気筒、最高出力120馬力の空冷ディーゼルエンジンを車体後部に搭載し、時速40㎞前後の最高装度を発揮した。写真にはそのエンジンの上部が明瞭に写っている。(NARA)

砲手席から見た操縦席周辺を見る。右側の壁面は37㎜砲の弾薬架が占めている。(NARA)

車体前方上部の点検ハッチを開いて、操向ブレーキを見せている。車体前部のマークは前出と同じ戦車第十四連隊のものだが、異なる車両だ。(NARA)

このページ以下一連の写真はアバディーン試験場に設けられたアメリカ陸軍兵器博物館に現存する九五式軽戦車。前掲の戦車のうちの1両であろう。

上左：車体前面では最終減速器ケースに打たれたリベットが確認できる。中央にある牽引具は元から装着されているものだが、その両脇の2つは、おそらくアメリカ側が海兵隊あるいは陸軍の類似パーツを後付けしたものだろう。

上右：日本では車両が左側通行なので、操縦席（の視察用ハッチ）は基本的に右側に装備されている。

下左：車体前方に配置された起動輪。

下右：合計4組が装備された転輪ボギーと上部転輪のうちの車体左後部のもの。

上左：車体右側後部。ジャッキおよび短い後部フェンダーの取付けブラケットを示す。
上右：加熱により傷みやすい消音器（マフラー）は得てして最初に失われてしまうものだが、この車両ではかなりよい状態のまま残っている。ただしメッシュのカバーは失われている。

下左：運用中の戦車では詳細に見られない後部デッキがよく分かる。
下右：さらに寄って見ると、ボルトの弛み止めワイヤなどのごく細かい部分までが観察できる。

上左：車体後部のエンジンデッキ上には、わずかなブラケットやマウントが残っているに過ぎない。

上右：エンジングリルのすぐ下側には木の葉などを吸い込まないよう、金属メッシュが張られているのに注意。

下左：7.7㎜車載重機関銃には、本来ならば機銃を保護するための防弾カバーが装着されている。

下右：37㎜戦車砲の防盾には、かつて被弾した跡が確認できる。

Japanese Type 1 "Ho-Ni" I SPG
日本陸軍一式七糎半自走砲 "ホニI"

太平洋における戦いが進むにつれて、日本軍はアメリカ軍戦車の主砲が自軍戦車を上回っているのを思い知らされた。さまざまな理由から、日本軍は大口径火砲を搭載したより近代的な戦車を開発し、戦闘に寄与できるだけのまとまった数を生産する能力を欠いていた。

写真の一式七糎半自走砲は、昭和20（1945）年にフィリピンの北ルソン島ヌエヴァ・ヴィスカヤ省のアリタオに向けて進撃中のアメリカ第37歩兵師団が6月4日までに捕獲したもの。これは、現在メリーランド州アバディーン試験場にあるアメリカ陸軍戦車博物館に保存されてい一式自走砲と同じ車両である。（NARA）

より強力な火砲を装備した戦車に対する要求を満足させるため、日本軍は九七式中戦車の車台の一部を流用し、それらを一連の自走砲に改造した。昭和17（1942）年、その改良型の最初のものが九〇式75mm機動野砲を搭載した一式七糎半自走砲“ホニ”として生産された。検討の結果、これらの自走砲の量産は限定された数量に留められた。

写真は前ページと同じ車両を撮影したもので、車体後部の詳細がよく分かる。車体全体に泥を被った状況から、この車両は次のページと同じ個体と思われる。（NARA）

ホニは約128両が生産された。これらには同じ車体に105㎜砲を搭載した一式十糎自走砲“ホニII”が含まれている。日本軍は兵科の違いによりこれらを“砲戦車”とも呼称したが、実際のところ自走砲以外のなにものでもなかった。その外観にもかかわらず、それらには即応性にすぐれる直接照準射撃の能力を欠くため、間接照準射撃を行なう砲兵としてのみ配備されたのである。

写真は最良の1日とは言えなかった一式自走砲。どうやら車両を隠すために掘られていた掩体はアメリカ軍機の爆撃によって車両の上に崩れてしまったようだ。（NARA）

一式自走砲に搭載された砲は、口径75㎜の中初速野砲である九〇式野砲（1930年）を改修したもので、これは三式中戦車“チヌ”の主砲ともなった。この野砲の性能は、当時のアメリカ軍シャーマン戦車に搭載されていた75㎜砲と同等であったと報告されている。
写真は現在もアバディーン試験場（メリーランド州）のアメリカ陸軍兵器博物館に保存・展示されている一式自走砲“ホニI”。

一式自走砲“ホニI”は、エンジン冷却気の排気グリルが機関室デッキの側面から袖部の下面に移動した九七式中戦車の後期仕様車台を使用していた。車台に施された唯一の実質的な改修は、九七式中戦車の砲塔を取り去った代わりに、単純な防盾を設置することだった。乗員は5名で、最高時速38kmを発揮する空冷V型12気筒ディーゼルエンジンを搭載していた。一式自走砲は昭和19（1944）年に初めてフィリピンで実戦投入され、ビルマ（現ミャンマー）でも使われた。

アバディーン試験場に展示されている車両は、後部フェンダー上のマフラーを含めて、多くの部品を剥ぎ取られている。

上左：前面装甲板に立つ金属プレートは捕獲後に取り付けられたもの。一時的に説明板が掲示されていたのかもしれない。円錐形の頭部をもつリベットは、日本軍の装甲車両では一般的に使われている。

上右：起動輪は2個ずつが弛み止めワイヤで結ばれたボルトで固定されている。

下左：誘導輪ハブの固定ボルトも同じように弛み止め処理が施されている。

下右：2組のボギー式転輪による中央部4輪の前後には、独立したバネで支持される転輪が装備されている。

上左： 車体左側後部。3つのクランプは、通常は車体左側に配置されるショベルと十字鍬（ツルハシ）を装着するためのもの。装備品が異なることから後部フェンダーは本来のものではない可能性がある。

上右： 車体右側後部。消音器とジャッキ、バール（クロウバー）は本来ならこの場所に配置される。

下左： 車体後面。画面右下に見えるふたつの小さなブラケットは、軍用車両のすべてに付けられたナンバープレートの固定用。 車体後端の楕円形の枠内には、緑色、黄色、橙色の小さなライトを収めていた。

下右： エンジン冷却気の吸気グリルの下に張られたメッシュに注意。これは日本の装甲車両で一般的な装備だったと思われる。

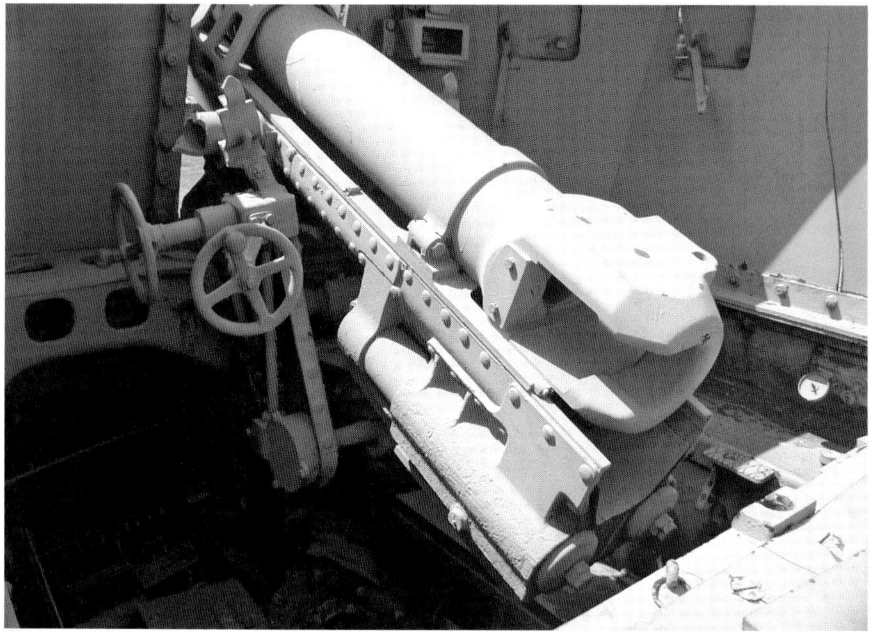

上左：防盾には開口部を塞ぐためのスライド式小防盾があるはずだが、この車両には見当たらない。

上右：防盾の正面にリベット留めされた増加装甲に注目。75mm砲の揺架はサビ落ちてひどい状態になっている。それ以外の外観はかなり良好な状態を保っている。

下左：砲尾周辺。閉鎖ブロックやその開閉レバーはすべて失われている。

下右：装甲フラップの内側にある支持架とスリット内側に装備された防弾ガラスをよく捉えたショット。

上左：砲身上にまたがる揺架の支持架が明瞭に見て取れる。

上右：戦闘室の左側前方のアップ。中央部の錆びついた箱は無線機のもの。下左：戦闘室左前方。やはり錆びついているが、操向レバーなど操縦装置の多くは現在もまだ残っている。

下左：振り返って、戦闘室左側後方の防火壁を見る。

Sd.Kfz.11 Zugkraftwagen 3-ton halftrack

3トン半装軌式牽引車 Sd.Kfz.11

3トン牽引車、別名Sd.Kfz.11はドイツ軍において最も重要な牽引車のひとつだった。広い用途に使え信頼性も高いこの車両は、ドイツ軍の行動したあらゆる戦線で見られた。しかし資料を収集しようとすると、このハーフトラックに関しては思いのほか少ない写真しか見つけることができない。以下の項目では、すべてが完璧な画質とはいえないまでも、いくつかの異なる派生型の概要を例示してみたい。

ドイツ陸軍部隊における機械化（自動車化）の構想には、軽車両とトラックのほか、全地形トラクターが含まれていた。後者は、対戦車砲兵、対空砲兵そして野戦砲兵が要求する諸条件を満たす必要があった。軍の開発当局と製造企業は、道路上での高速性とあらゆる地形での走破性、また技術的および経済的な実現可能性という、まったく相容れない条件の狭間で揺れ動いた。これら路上・路外を問わず要求される性能は、全装軌（履帯式）車両でも多軸の装輪（タイヤ式）車両でもなく、ただ半装軌式車両のみが完全に満たすことができた。1930年代の半ばまでに、1トン、3トン、5トン、8トン、12トン、そして18トンの牽引能力をもつ7種類の異なる車両が生産された。

［ドイツ語の“Zugkraftwagen”は“牽引車”の意味で、そのまま車名にもなっている。英語の呼称であるハーフトラックは半分が履帯、つまり半装軌（式）を示す］

軽牽引車（特殊車両番号11）leichte Zugkraftwagen（Sd.Kfz.11）の潜在的な性能は時速40ないし45kmの最高速度を可能にした。しかし連結部に（グリスニップルによる）潤滑を必要とするラバーパッド付きの履帯は、パッドが脱落する可能性があることから、後に持続的な最高速度は40km/h未満に抑えられた。前輪は駆動されないものの、不整地における機動性は高かった。しかしこれは泥濘地や急カーブにおける操向操作で問題を生じ、前車軸の破損につながりかねなかった。とはいえ経験豊富な操縦手はこの事態に対処することができた。冬季にはスノーチェーンが利用可能で、履帯にも滑り止めを取り付けることができた。

写真は東部戦線における砲兵部隊所属の3トン軽牽引車（le. ZgKw.3-ton）。後部の乗員スペースはキャンバストップで覆うことができたが、前席に乗る砲班長は頭上のキャンバスを開放している。（Photo Wilke）

軽牽引車の生産はボルクヴァルトで開始され、1937年にハノマークの工場が引き継いだ。Sd.Kfz.11のシャシーは、生産量の4%が砲兵部隊、12%が工兵部隊、36%が中型装甲兵員車（m.SPWつまりSd.Kfz.251）の生産、そしてネーベルトゥルッペ（後のロケットランチャー部隊）には40%が割り当てられた。苛酷な条件のもと、特に東部戦線においては車両の構造は限界に達していた。マイバッハ製のエンジンは故障せずに動き続けるが、足まわりなどの駆動装置は絶えざる点検整備を要求した。履帯には定期的なグリスアップをしなければならなかったし、履帯の張度も調整する必要があった。

写真は砲陣地へ進入する3t牽引車。この間、砲班長は車両のボンネット越しに指示を出すために立ち上がっている。フェンダーには軽砲兵（10.5cm榴弾砲）第1射撃中隊の戦術マークが描かれている。（Photo Wilke）

軽牽引車（Sd.Kfz.11）の標準型は、18式10.5cm軽榴弾砲（10.5cm le FH18）の牽引用として使用され、1942年からは40式7.5cm対戦車砲（7.5cm PaK40）を牽くのにも使われた。板金製ボディの後部区画には6名の乗員（砲側員）が乗れる座席が確保されていた。砲弾は車両中央部に位置する弾庫の（弾種に応じて）仕切りが交換できるラックに格納された。工兵輸送のための特装仕様、いわゆるピオニアーアウフバウはごく限られた数が製造された。この車両には指揮官と操縦手のほか、12名の乗員が搭乗できるシートが備えられていた。

写真は“バルバロッサ”作戦の初期段階における第13砲兵連隊（第13戦車師団）の砲班。車両後部左側に戦術マーク（円形に十字）が確認できる。10.5cm軽榴弾砲は重量約2トンであり、3トン牽引車はこの砲にとって最適な車両だった。
(Photo Konetzny)

1944年、それまでの板金製ボディに代えて、多用途に使うことができ金属資源の節約にも貢献する木製荷台を備えた簡略型が製造された。さらに、戦争の終わり近くにはSd.Kfz.11の構造は再び簡素化された。ただしこれらの車両の写真は非常に少ない。軽牽引車の改良型車台は中型装甲兵員車（Sd.Kfz.251）の生産に使用された。

写真のSS第5戦車師団“ヴィーキング”に属する軽牽引車はロシア南部の泥沼のなかで、トラックを牽いている。泥濘の季節が始まると、いつもハーフトラックが呼び出されることになった！　車体には白色の冬季迷彩が残っているのが見える。もちろんこれは1944年春のこの時期にはすでに偽装効果を失っていた。右側ヘッドライトの管制カバーを失っているのに注意。
(Photo archive Baumann)

軽牽引車の車台はさまざまな目的別の仕様に割り当てられ、また最も高い必要性をもっていた化学戦部隊向けにも異なる数量の派生型5種類が少数生産された。この比較的新しい任務は、化学戦の実施とこれに対応する敵のあらゆる活動から味方を防護することだった。

写真は1944年の春に撮影されたSS第5戦車師団“ヴィーキング”の軽牽引車。33式15cm重歩兵砲（15cm sIG33）の牽引車として使用されている。車両と砲は泥濘のなかで他の迷彩色を用いないドゥンケルゲルプ（ダークイエロー）の基本色だけを塗られている。
(Photo archive Baumann)

右は“軽牽引車の後部区画に快適そうに収まったヴィーキング”師団の将兵。Sd.Kfz.11の後部には6名分の座席が用意され、操縦手と指揮官が乗る前部とは弾薬庫を挟んで分離されていた。(Photo archive Baumann)

第二次世界大戦の勃発前に、化学戦部隊はよく知られた戦術ロケット兵器を装備して再編された。化学剤散布と除染班のための高度に専門化した派生型は、作戦の要求がないために戦争期間中に生産されることはなかった。

写真は40式7.5cm対戦車砲（7.5cm PaK40）を牽引する軽牽引車。第90機甲擲弾兵師団に属する砲班を写したこの写真は、1943年夏のイタリアで撮影された。 PaK40の砲弾の金属製輸送ケースが地面に散乱しており、また車両にも木製弾薬箱が乱雑に積まれている。当初はドゥンケルグラウ（ダークグレー）で塗られていたこの牽引車は、その上からドゥンケルゲルプの縞模様によって迷彩が施されている。（Photo Gandor）

軽牽引車の別の派生タイプとしてはロケット砲車両（ネーベルヴェルファークラフトヴァーゲン、Sd.Kfz.11/1）があり、これは40式10㎝迫撃砲（10㎝Nebelwerfer 40）の牽引に使われた。Sd.Kfz.11に比べてボディ（弾庫）の幅が拡大され、弾薬ラックには100発の10㎝迫撃砲弾を収納することができた。中型除染車（Sd.Kfz.11/2）は汚染された土壌を中和するために使われた。車両は728kgの汚染除去剤を詰めたタンクを搭載するための開放式プラットフォームを有し、車体後部には幅170㎝の範囲をカバーする噴霧装置が搭載されていた。

第185突撃砲大隊は工兵仕様のボディをもった軽牽引車を何両か装備していた。写真は1941年5月のロシアへの攻撃を前に、東部国境へ向けて鉄道輸送される工兵仕様車。兵員室の乗降部を塞ぐものを含め、防水キャンバス類を完備している。操縦席ドアには白で“2”が記入されている。（Photo Hase）

［“ネーベルヴェルファー（NbW）”は煙幕発射器の意味で、当初は毒ガスを充填した砲弾を発射する化学戦用の迫撃砲に対する秘匿名称として考案された。しかし実際には化学戦は実行されず、10㎝ NbW 40は大掛かりではあるが普通の迫撃砲として運用された。翌年に採用された41式ネーベルヴェルファーからはロケット推進の砲弾を発射するようになったため、以後ネーベルヴェルファーといえばロケット弾発射器（ロケット砲）を意味するようになる。口径10㎝の35式や40式は煙幕発射器と名付けられた迫撃砲なのである］

中型噴霧車両（Sd.Kfz.11/3）は“土壌の除染”——これは“汚染地域の範囲を線引きする”程度の意味を冷笑的に言い換えたものだ——を任務とした。化学剤は噴霧装置を備えた900リットル容量のタンクで携行された。36両の噴霧車を装備する1個大隊は40ヘクタール以上の面積を除染することができた。

写真はロシアの埃っぽい草原で撮影された第185突撃砲大隊の軽牽引車。工兵仕様のボディを架装されているが前掲写真とは別の車両で、操縦席ドアに“1”の番号が見える。記念撮影のために少なくとも9名の乗員が集合している。画質は荒れているが、前輪ホイールやサスペンションなどの興味深い細部が映し出されている。ウィンドシールドに識別用の大きなスワスチカ旗を掲げ、ラジエターグリルやフェンダーまわりには枝葉で偽装しているのに注意。(Photo Hase)

ロケット砲車（Sd.Kfz.11/4）はSd.Kfz.11/1の後継車とみなすことができる。11/1とは対照的に、15㎝ロケット弾だけでなく21㎝ロケット弾も格納できるように、弾薬庫のラック部分は交換可能に設計されていた。

上記のように、これらさまざまな車両が多岐にわたる任務に使用された。

このページの魅惑的なショットは、5トントレーラーを牽引する第185突撃砲大隊のSd.Kfz.11（工兵仕様）を捉えている。牽引車には多数の防水シートや器材とともに2つの工兵橋（突撃橋）が搭載されている。（Photo Hase）

1943年11月付の戦力定数指標表617号によれば、重ロケット砲車両（Sd.Kfz.11/5）がロケット砲車両（Sd.Kfz.11/4）の代用としてリストアップされている。1944年8月付の同697号（除染中隊）では同じ車両が中型除染車両（Sd.Kfz.11/2）の代用あるいはガス検知車両として記載されている。ただし前モデルとこの車両の識別点はまだ明らかになっていない。

写真のロケット砲車両（おそらくSd.Kfz.11/1）は第1ロケット砲教導連隊に配備されたもの。操縦席ドアには鉄道輸送のための車両表示がステンシルを使って黒色で表記されている。そのドアの上部に小窓付きのサイドウィンドウが追加されているのがとくに注目される。(Photo Sander)

この写真を撮影するためにセッティングされたロケット砲車両。この操縦手は半装軌車両が丘の頂上を超える場合の典型的な挙動を実演している。すなわち前輪は空中に浮き上がり、頂点を超えた後は操縦手の熟練度によってソフトに、あるいは激しい衝撃とともに着地するのだ。車体右サイドには多数の工具の固定具が装備されているのがわかる。(Photo Sander)

ツェレ駐屯地内に置かれた整備施設において1940年に撮影されたロケット砲車両。整備員が弾庫の間にも立っていることから、これはSd.Kfz.11/1と思われる。この車両はまた、幅の広い文字列によって輸送用マーキングが施されている。(Photo Sander)

上：1941年、第1ロケット砲教導連隊は東方に移動した。写真は鉄道貨車から卸下されるロケット砲車両。(Photo Sander)
左：ピントは外れているものの、この写真にはロケット砲車両の後部周辺が写っている。軽牽引車の後部と異なり、ロケット砲車両の後部ボディには背面ドアが設けられていた。
(Photo Sander)

除染部隊は戦闘に投入されなかったので、既存の中型は他の目的で使用された。このたいへん珍しく興味深い写真は第1ロケット砲教導連隊の所属車で、バッテリー充電器を搭載して整備部隊に割り当てられている。サイドウィンドウは陸軍の規定によってカバーされている。（Photo Sander）

German 10.5cm leFH18 Howitzer

ドイツ軍18式10.5㎝軽榴弾砲

18式10.5㎝軽榴弾砲（10.5㎝ leFH18）は、いくつかの異なる仕様がドイツ陸軍に広く配備された優秀な野砲だった。この砲は1935年から配備が開始され、少なくとも5種類の仕様がメーカー数社によって生産された。このなかのひとつはオランダ陸軍向けに製造され、1939年に実際に引き渡されている。このオランダ向けのタイプはドイツ軍のものとは異なる砲身が使われており、後にそれを捕獲したドイツ軍は、殆どを標準的なドイツ仕様の砲身に交換して使用した。10.5㎝軽榴弾砲のための牽引車は、半装軌式の3トン牽引車Sd.Kfz.11がもっとも一般的に使われた。

写真は北アフリカの砂漠を射撃陣地に向けて急行する10.5㎝軽榴弾砲とその砲側員。第75砲兵連隊（自動車化）第1中隊の砲で、同連隊は第5軽師団の一部をなしていた。（BA）

10.5cm軽榴弾砲と砲側員が射撃陣地に進入した。10.5cm砲は2トン弱の重量があったが、付属した大きな車輪に重心位置が設定されているため、数人だけで容易に脚を持ち上げて動かすことができた。砲側員が牽引車のフックから砲を外すと、Sd.Kfz.11はその場から離脱してゆく。（BA）

砲を外した牽引車は自車の待機位置へと移動を開始した。晴天では一般的だったように、このSd,Kfz.11は車体上部を覆う幌の後半部を開放している。この車両はデザートイエローの迷彩色を部分的に塗装しているらしく、最初から塗られていたダークグレー（ドゥンケルグラウ）が車体側面全体に薄く残されているのを見ることができる。（BA）

右：砲側員は射撃を開始するための最終準備を行なう。牽引車の大型弾庫に収納されていた弾薬は、そこから取り出されて砲の横に配置された。砲尾まわりを覆っていた移動用の大型カバーが取り去られようとしているのに注意。（BA）

下：目標を付与された砲は初弾を発射した。射撃の衝撃はすでに微細な埃を巻き上げている。砲側員は脚部後端の駐鋤を固い地盤に打ち込むため、射撃の反動を利用している。後方のホルヒ野戦乗用車に立っている観測員（中隊長？）にも注意。（BA）

照準手は基準となる目標への距離を確立するため、初弾の弾着を利用して素早く射距離を確認している。これによって次弾の弾着は修正される。砲身の仰角（高低角）と地平線を比べると、明らかに直接照準射撃による目標を狙っている。地面に届くほどの長さがある紛失防止用の皮革バンドで揺架につながれた砲口キャップにも注意。（BA）

より多くの砲弾が目標へ向けて撃ち込まれた。通常ならば34式高低装置 Zeileinrichtung 34には、36式パノラマ式間接照準器Rundblickfernrohr 36が搭載された。この砲は直接照準望遠鏡Sfl.Z.F.1を装着している。プレス成形された大直径の鋼製車輪に注意。(BA)

この観測員は、ホルヒ901型野戦乗用車Kfz.15の後部に積まれた収納ボックスの上に立っている。特徴のない北アフリカの地形では、少しでも相手より高い場所に陣取ったほうが有利となる。（NA）

34式高低装置とSfl.Z.F.1直接照準眼鏡の周辺を捉えたクロースアップ。ここではまた、18式野戦榴弾砲の備える“L”字形のユニークな砲架が確認できる。（BA）

第5軽師団第75砲兵連隊（自動車化）第1中隊の前掲とはまた異なる3トン半装軌牽引車Sd.Kfz,11が砂漠の高速道路（ロル・バーン）を高速で駆け抜ける。高速の発揮によって波打つ履帯の頑張り具合が興味深い。（BA）

遠距離の目標に向けて射撃中の第75砲兵連隊（自動車化）第1中隊に属する別の砲。発射反動によって砲身が完全に後退している。熟練した砲兵が扱う18式10.5cm軽榴弾砲は、持続的に毎分6発の発射速度を保つことができる用途の広い火器だった。砲弾の砲口初速は毎秒540mで、最大射程は12,325mに達した。（BA）

Sd.Kfz.11が根本的に欠いているのは、エンジンのパワーによって前輪が駆動されないことだった。これは不整地の通過能力を限られたものにしていた。写真の車両はカメラの画角外にいる乗員によって、深いギャップに関する注意深い誘導を受けている。（BA）

第24戦車師団に属するSd.Kfz.11が10.5cm軽榴弾砲を牽引して草原を移動する。1942年夏、ロシアでの撮影。フロントウィンドウはキャンバスで覆われているのに注意。第24戦車師団は1942年7月の“ブラウ”（青）作戦におけるドン川攻勢に参加した。（BA）

第24戦車師団の同じ中隊はいまや射撃陣地を占領し、射撃任務を実施中。弾薬輸送用の保護木枠が砲の周囲に散乱している。18式10.5㎝軽榴弾砲用としては、大別すると3種類の弾薬が用意された。ひとつは“FH Gr.”と呼ばれる榴弾（高性能炸薬弾）、次は“10㎝ Pz.Gr.”と呼ばれる被帽徹甲弾、もうひとつは“10㎝ Gr39 rot H1”と呼ばれるものだった。後者もまた徹甲弾で、3種の異なるバリエーションが作られ、それぞれA, B, Cとマーキングされていた。（BA）

所属部隊不明の射撃班員が記念撮影のために嬉しそうにポーズをとる。時期は同じく1942年の夏である。次弾を間髪入れずに装填できるよう、この砲班は数発の砲弾を砲のすぐ後ろに並べている。安全上の理由から、信管（フューズ）は砲弾が砲尾に装填される直前に砲弾の頭部にセットされ測合される。（BA）

日独軍用車両写真集
A Selection from the Allied-Axis

発行日　2012年5月17日　初版第1刷

著　者　Ampersand Publishing Company, Inc.
編　集　アーマーモデリング編集部
構成・翻訳　浪江 俊明
装　丁　大村 麻紀子
DTP　小野寺 徹

発行人　小川 光二
発行所　株式会社 大日本絵画
〒101-0054東京都千代田区神田錦町1丁目7番地
Tel. 03-3294-7861（代表）　Fax.03-3294-7865
URL. http://www.kaiga.co.jp
編集人　市村 弘
企画・編集　株式会社 アートボックス
〒101-0054東京都千代田区神田錦町1丁目7番地
錦町1丁目ビル4F
Tel. 03-6820-7000（代表）　Fax. 03-5281-8467
URL. http://www.modelkasten.com
印　刷　図書印刷株式会社
製　本　株式会社 ブロケード

Publisher/Dainippon Kaiga Co., Ltd.
Kanda Nishiki-cho 1-7, Chiyoda-ku, Tokyo 101-0054 Japan
Phone 03-3294-7861
Dainippon Kaiga URL; http://www.kaiga.co.jp
Editor/Artbox Co., Ltd.
Nishiki-cho 1-chome bldg., 4th Floor, Kanda
Nishiki-cho 1-7, Chiyoda-ku, Tokyo 101-0054 Japan
Phone 03-6820-7000
Artbox URL; http://www.modelkasten.com

内容に関するお問い合わせ先：03(6820)7000　㈱ アートボックス
販売に関するお問い合わせ先：03(3294)7861　㈱ 大日本絵画

ISBN978-4-499-23081-0